普通高等教育高职高专土建类"十二五"规划教材

建筑装饰 3ds max

（第2版）

主　编　安丽梅　陈炳炎

副主编　张雪超　谭浩楠　张玉霞

尹英香　张海洋　邱志诚

中国水利水电出版社
www.waterpub.com.cn

内 容 提 要

本套教材结合高职高专课程改革精神，吸取传统教材优点，充分考虑高职高专就业实际。本书主要内容包括以下章节：3 ds max 2011工作环境，对象的基本操作，创建几何基本体，创建二维图形，二维图形转换成三维模型，常用的3ds max 2011修改器，材质与贴图，摄影机及灯光，场景渲染，效果图后期处理，家居空间效果表现，办公空间装饰效果表现。每一章后面附有课后任务，让学生在模拟实践的过程中领悟。

本教材可作为高职高专建筑装饰、环境艺术设计、室内设计及其他相关相近专业教材使用，也可供专业设计人员及有兴趣的读者参考阅读。

本教材电子教案及源文件素材可免费下载：http://www.waterpub.com.cn，下载中心。

图书在版编目（ＣＩＰ）数据

建筑装饰3ds max / 安丽梅，陈炳炎主编. -- 2版
. -- 北京 ：中国水利水电出版社，2012.11（2016.12重印）
普通高等教育高职高专土建类"十二五"规划教材
ISBN 978-7-5170-0323-6

Ⅰ．①建… Ⅱ．①安… ②陈… Ⅲ．①建筑装饰－计算机辅助设计－图形软件－高等职业教育－教材 Ⅳ．①TU238-39

中国版本图书馆CIP数据核字(2012)第263333号

书　　名	普通高等教育高职高专土建类"十二五"规划教材 **建筑装饰 3ds max（第 2 版）**
作　　者	主编　安丽梅　陈炳炎
出版发行	中国水利水电出版社 （北京市海淀区玉渊潭南路 1 号 D 座　100038） 网址：www.waterpub.com.cn E-mail：sales@waterpub.com.cn 电话：(010) 68367658（营销中心）
经　　售	北京科水图书销售中心（零售） 电话：(010) 88383994、63202643、68545874 全国各地新华书店和相关出版物销售网点
排　　版	北京时代澄宇科技有限公司
印　　刷	北京嘉恒彩色印刷有限责任公司
规　　格	210mm×285mm　16 开本　13.25 印张　373 千字
版　　次	2010 年 3 月第 1 版　　2010 年 3 月第 1 次印刷 2012 年 11 月第 2 版　　2016 年 12 月第 2 次印刷
印　　数	4001—6000 册
定　　价	**42.00 元**

普通高等教育高职高专土建类"十二五"规划教材

编 委 会

序

在中国，走新型工业化发展的道路，不仅需要一大批高素质的专家学者，同时也需要大量熟练掌握新技术、新工艺、新设备的技术型、技能型劳动者。技术技能型人才是推动科技创新和实现科技成果转化的生力军。而在培养技术技能新人才方面，职业教育具有不可替代的重要作用。高等职业教育在近几年的发展历程中，走了一些创新之路，如"双师型"、"双元制"、校企合作等的出现，无疑给职业教育的发展和完善增添了新鲜的元素。职业教育的模式在经历了这些探索、变化过程以后，如今的方向应该是"工作过程导向"模式，因为在当今生产技术知识和工作过程高度渗透的时代，任何技术问题的解决在很大程度上都是一种技术过程和社会过程（职业活动）的结合，人类的认识只能以整体化的形式进行。因此在工作过程中所需要的知识，也必须与整体化的实际工作过程相联系。

建筑装饰工程技术专业的学习领域涉及工学和艺术专业学科的交叉，可以说是一门综合艺术设计与表达和建筑技术与管理的新兴学科。在推广这种行动导向的教学的过程中，教材建设也要跟上时代步伐。但同时应该看到，由于院校众多，师资力量、学生生源不尽相同，甚至相差较大，当前一些示范性院校教材遭遇到不能通用的尴尬，鉴于此，中国水利水电出版社充分结合建筑装饰工程技术专业的发展现状，出版了"普通高等教育高职高专土建类'十二五'规划教材"建筑装饰工程技术专业系列分册。

本系列分册针对高职高专土建大类的建筑装饰技术专业编写，以工学结合的人才培养模式为基础，采用模块单元、任务导向的编写思路，结合就业情况编写，内容上简化理论，突出结论，列举实例；同时充分吸收传统教材优势，将"教学计划"和"教材"予以区分，协调基础知识和实践运用的关系。在分册编写上有所区分，大部分分册以"模块—课题—学习目标、学习内容、学习情境"的模式编写，一少部分以知识讲解为主的分册则仍采用传统章节的形式，但提高了课后实践作业的要求。

本系列分册可作为高职高专建筑装饰、环境艺术设计、室内设计及其他相关相近专业作为教材使用，也可供专业设计人员及有兴趣的读者参考阅读。

本系列分册的编写得到了高职高专教育土建类专业教学指导委员会建筑类专业指导分会秘书长孙亚峰老师、北京师范大学教育技术学院技术与职业教育研究所所长赵志群老师的指导和帮助，在此表示衷心感谢！

"普通高等教育高职高专土建类'十二五'规划教材"建筑装饰工程技术专业系列分册的出版对于该专业教材的系统性和完善性进行了补充，采用新的编写模式，对于增强学生的知识综合实践能力和教师的综合组织能力都是有帮助的。限于编者的水平和经验，书中难免有不妥之处，恳请广大读者和同行专家批评指正。

编委会

2012 年 1 月

前言

　　3ds max 是一款非常优秀的三维设计软件，自从 1996 年的 3ds max 1.0 版本发布以来，经过多年的更新升级现已推出 3ds max 2011。3ds max 2011 无论从用户界面上，还是从使用功能上都体现出了专业化和人性化的特点，在功能不断增强的同时也越来越便于使用。3ds max 在室内外三维空间效果表现领域有着举足轻重的地位。

　　三维效果图的制作主要有三个重要流程：创建模型、场景渲染和后期处理。创建模型阶段的工作主要在 3ds max 中完成；场景渲染阶段主要是完成场景中的材质、贴图、灯光以及渲染输出等工作，主要利用 V-Ray 渲染器完成；后期处理是指在 Photoshop 等图像处理软件中对效果图的色调、配饰等进行调整修饰，使效果图更加完美生动。

　　3ds max 除了具有强大的效果图制作功能外，还有完美的动画制作功能，本书着重讲解 3ds max 在建筑装饰和装饰艺术领域的应用，而对于软件的动画方面的命令和功能不做过多讲解，以此加强本书内容的针对性。

　　编者本着学有所用的原则，在立足于专业的基础上注重对读者学习兴趣的引导。书中各个章节按照效果图制作的一般流程节节相扣，层层深入，从基础命令的讲解到课后任务的操作，实现了由简到繁、由理论到实践的讲授和学习过程。书中的每一个案例均经过了仔细推敲，将前面的理论知识及操作要点融会贯通于后面的课后任务，使生硬的理论更具有明确的目的性和实际使用性。

　　本教材由河北艺术职业学院、广东水利电力职业技术学院、石家庄铁道职业技术学院、石家庄市第三职业中专学校等参与编写。本教材由安丽梅、陈炳炎担任主编，张雪超、谭浩楠、张玉霞、尹英香、张海洋、邱志诚担任副主编，李凤蕊、侯永瑞等参与编写。其中，安丽梅编写了第 5 章、第 10 章，陈炳炎编写了第 12 章，张雪超编写了第 1 章、第 7 章、第 8 章，谭浩楠编写了第 2 章、第 3 章，张玉霞编写了第 6 章、尹英香编写了第 11 章，张海洋编写了第 9 章，邱志诚编写了第 4 章。

　　书中内容是我们多年的教学经验的积累和施工设计经验的积淀，我们已力争做到完美，但依然有可能存在疏漏和不足，欢迎广大读者朋友和专家不吝赐教。

编者

2012 年 9 月

目　　录

第2章 对象的基本操作

第5章　二维图形转换成三维模型

第6章　常用的3ds max 2011修改器

第10章　效果图后期处理

第11章　家居空间效果表现

第1章
3ds max 2011工作环境

1.1　3ds max 2011工作界面

3ds max作为Autodesk公司的主要3D产品，广泛地应用在游戏开发、影视特效、片头广告、三维效果图制作等领域。由于其强大的功能和友好的工作界面，使其成为室内效果图表现的绝佳选择。在学习这个软件之前，我们先来了解一下3ds max 2011软件的界面布局和基本功能，以便为以后的深入学习打下基础。

3ds max 2011软件成功安装后，启动3ds max 2011。为了效果更加清晰，我们来更改一下界面效

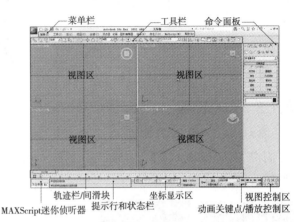

图1-1　3ds max 2011工作界面

果：点击菜单栏中的"自定义"，在下拉菜单中选择"自定义"VI与默认设置切换器，在"用户界面方案"栏中选择"ame-light"方案，单击对话框下方的"设置"按钮，3ds max 2011的用户界面被更新成如图1-1的效果，更换用户界面并不影响软件的任何功能。

3ds max 2011的用户界面包括菜单栏、工具栏、命令面板等多个部分，下面我们来做详细讲解。

1.1.1　菜单栏

菜单栏位于主窗口的标题栏下面，由文件、编辑、工具、组、视图、创建、修改器、动画、图形编辑器、渲染、自定义、MAXScript（脚本）和帮助13个菜单组成。

菜单均使用与标准Microsoft Windows约定的操作方法。每个菜单项都有自己的下拉菜单，例如，如图1-2所示为打开的"工具"菜单。菜单名称右侧括号内对应的字母表示：按住Alt键的同时按下相应的字母键可以快速打开该菜单。如果命令定义有键盘快捷键，则会显示在命令名称的右侧；命令名称后面的右向三角形表示点击后将出现一个子菜单，如图1-3所示；命令名称后的省略号（…）表明将出现一个相应的对话框，如图1-4所示为选择"重命名对象"命令打开后的对话框；命令名称前的（✔）则表示该命令可在启用和禁用状态之间切换。

图1-2　打开"工具"菜单

1.1.2　工具栏

工具栏由工具按钮组成，3ds max的很多操作都可以通过工具栏上的按钮方便、快速地直接实现。工具栏中包含了一些使用频率比较高的工具和操作按钮，如选择工具、变换工具、对齐工具、轴向锁定工具等。当屏幕分辨率小于1024像素×768像素时，工具栏中的部分工具按钮不能完全显示出来，这时可将光标移动到工具栏的两个按钮之间或工具栏的任意空白位置，当光标变成小手形状时，按下鼠标左键向左侧拖动，就可以观察到工具栏的隐藏部分。

默认情况下，还有几个隐藏的工具栏，分别是"轴约束"、"层"、"渲染快捷方式"、"捕捉"、"动画层"等。在工具栏的空白区域单击鼠标右键，在弹出的菜单中选择要打开的工具栏名称，就可以打开相应的隐藏工具栏，如图1-5所示。

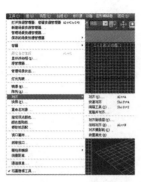
图1-3 显示"对齐"子菜单

图1-4 打开对话框

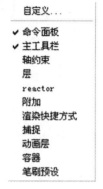
图1-5 隐藏的工具栏

1.1.3 命令面板

3ds max界面右侧是命令面板，由6个选项卡组成，可以访问大多数建模和动画功能。它们分别是创建（⬥）、修改（☑）、层次（⬚）、运动（◉）、显示（▣）和工具（⬈），如图1-6～图1-11所示。

图1-6 创建面板

图1-7 修改面板

图1-8 层次面板

图1-9 运动面板

图1-10 显示面板

图1-11 工具面板

创建命令面板：用于创建场景中的对象，如几何体、相机、灯光等。

修改命令面板：用于对场景中指定对象进行扭曲、弯曲、挤出等修改。

层次命令面板：用于管理层次、关节和反向运动学中的链接。

运动命令面板：用于设置对象的运动参数，控制物体运动轨迹。

显示命令面板：用于对象的隐藏、显示、冻结、解冻等操作。

工具命令面板：用于调用其他工具程序，大多数是3ds max插件。

1.1.4 视图区

视图区是3ds max 2011工作界面中面积最大的区域，默认视图为顶视图、前视图、左视图和透视图，不同的视图用于对象的创建、编辑和从不同的角度进行观察。默认的视图布局是可以改变的。

1.1.5 视图导航控制区

视图导航控制区由多个工具按钮构成，用来实现对视图的平移、旋转、缩放、最大化等操作，各个工具按钮的功能将在1.2节进行详细介绍。

1.1.6 动画关键点／播放控制区

动画关键点控制用来编辑三维动画的关键帧，播放控制区用来实现三维动画的播放显示。由于本书重点讲述利用3ds max 2011制作三维效果图，所以有关动画的知识将不进行详细介绍。

1.1.7 轨迹栏／间滑块

轨迹栏和时间滑块也是用来实现动画的编辑与修改，如查看模型的运动轨迹、设置模型的运动时间等。

1.1.8 坐标显示区

坐标显示区用来显示或调整物体中心在视图坐标系中的位置，默认为绝对坐标显示方式，单击"绝对模式变换输入"按钮"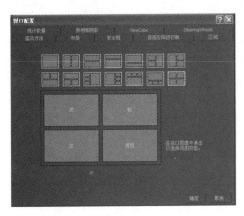"，可切换到相对坐标显示方式，此时该按钮变成"偏移模式变换输入"按钮"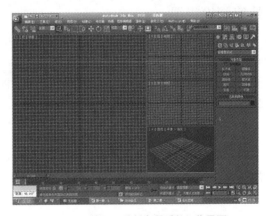"。如果需要精确地确定对象在视图坐标系中的位置，可以在坐标显示区直接输入对象的坐标数值。

1.1.9 提示行和状态栏

在提示行和状态栏中显示关于场景和活动命令的提示和信息。

1.1.10 MAXScript迷你侦听器

用于脚本的记录和执行，3ds max 2011 的每一步操作都可以记录为脚本，反之也可以通过编制脚本程序来控制 3ds max 2011 的操作，这属于 3ds max 的高级操作。

1.2 视图的控制

1.2.1 视图布局的调整

3ds max 2011 除了默认的布局方式以外，用户还可以设置其他 13 种布局方式。选择"视图／视口配置"命令，在弹出的"视口配置"对话框中选择"布局"选项卡，可以查看到其他 13 种视图布局，如图 1-12 所示。选择一种布局方式，对话框底部就会显示出所选布局方式的预览效果。点击"确定"按钮，所选择的新布局效果就会替代默认布局，在工作界面中显示出来，如图 1-13 所示。

图 1-12 选择"布局"选项卡

图 1-13 选择一种新布局后的工作界面

1.2.2 当前视图

工作界面中的视图都可见时，带有高亮边框的视图为活动视图，即当前视图。在进行工作时，只有一个活动视图，其他视图提供参考。通常情况下，在哪个视图进行操作，该视图就会自动变为活动视图。如果只想激活某个视图，而不进行任何操作，可以在视图任何区域单击鼠标右键。如果单击鼠标左键，视图被激活的同时会执行选择或取消选择等操作。

1.2.3 视图大小的调整

1. 视图大小的动态调整

在实际工作中，根据实际操作的需要，可以随时调整视图的大小。将光标指向任意两个视图的交界处，此时光标呈双向箭头显示，拖动鼠标就可以实现两个视图的动态调整。将光标指向两个以上视图的交界处，此时光标呈十字箭头显示，拖动鼠标就可以实现多个视图的动态调整。

2. 单个视图最大化

激活要放大的视图，单击视图导航控制区中的"最大化显示"按钮"⬚"或按 Alt+W 组合键，当前视图范围被放大到默认的 4 个视图范围，如图 1-14 所示。再次单击该按钮或再次按 Alt+W 组合键，则恢复到最大化以前的视图显示状态。

3. 所有视图最大化

要实现所有视图最大化显示，只要按 Ctrl+X 组合键即可。所有视图最大化显示后，工作界面上的工具栏、命令面板、视图导航控制区等区域被隐藏，只剩下菜单栏、时间帧和视图，在工作界面的右下角会显示一个"取消专家模式"按钮，如图 1-15 所示。再次按 Ctrl+X 组合键或者单击"取消专家模式"按钮，即可恢复到视图放大以前的显示状态。

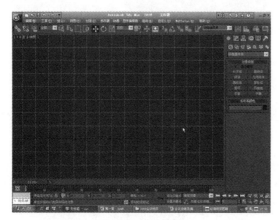

图 1-14　单个视图最大化显示

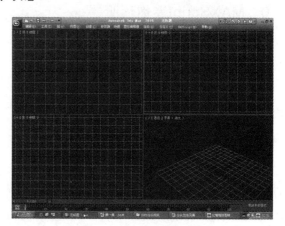

图 1-15　所有视图最大化显示

1.2.4　快速切换视图

在视图名称上单击鼠标右键，在弹出的菜单中直接选择要切换到的视图名称，即可将当前视图切换到所选择的视图。也可以在视图被激活状态下，直接按视图快捷键，实现视图的快速切换。例如当前视图要切换到透视图，可以直接按 P 键；切换到前视图可以按 F 键等。

1.2.5　视图的缩放、平移和旋转

在实际工作中，为实现对象的预览、编辑等操作，需要用缩放、平移和旋转工具在不同视图实时改变对象的显示范围和角度，以此来达到不同距离、不同范围、不同角度的对象观察。

1. 视图缩放

单击视图导航控制区中的"缩放"按钮"⬚"，并将光标移动到要缩放的视图中，如图 1-16 所示。按住鼠标左键不放并向上拖动，可放大视图，如图 1-17 所示，按住鼠标左键不放向下拖动，可缩小视图，如图 1-18 所示。

三键鼠标中间键的滚轮也能实现活动视图的缩放操作，并以当前光标所在的位置为缩放中心。

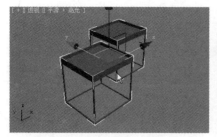

图 1-16　原始视图

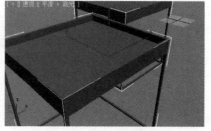

图 1-17　放大视图

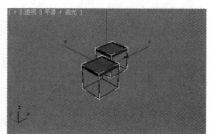

图 1-18　缩小视图

2．视图平移

单击视图导航控制区中的"平移视图"按钮"🖐"，并将光标移动到要平移的视图中，按住鼠标左键不放，并在视图中任意拖动光标，即可实现视图的平移。

按住三键鼠标中间键的滚轮不放，光标即变成手形的平移图标，在视图中任意拖动光标，也可实现视图的平移操作。视图平移前后的对比如图1-19～图1-21所示。

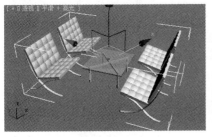

图1-19　原始视图

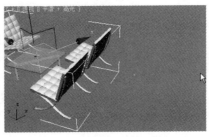

图1-20　视图平移效果（一）

图1-21　视图平移效果（二）

3．视图的旋转

单击视图导航控制区中的"弧形旋转"按钮"⤵"，并将光标移动到要旋转的视图中，按住鼠标左键不放，并在视图中任意拖动光标，即可实现视图的旋转操作。

按住Alt键和鼠标滚轮不放，在视图中拖动光标，可以快速实现视图旋转。视图旋转前后的对比如图1-22～图1-24所示。

图1-22　原始视图

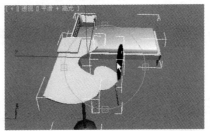

图1-23　视图旋转效果（一）

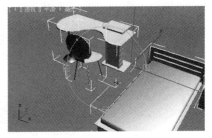

图1-24　视图旋转效果（二）

1.2.6　视图自适应降级

当视图中的模型太多时，视图操作会变得缓慢，显示效果不连续。为解决这个问题，可以开启"自适应降级切换"功能。按O键或者单击工作界面下方的"自适应降级切换"按钮"▣"，即可快速开启"自适应降级切换"功能对视图进行变换，视图中的模型在变换过程中自动将默认的"平滑+高光"模式以"线框"方式渲染，变换结束后再自动还原为"平滑+高光"方式。再次按O键或者单击"自适应降级切换"按钮"▣"即可关闭"自适应降级切换"功能。

1.3　自定义工作环境

3ds max 2011的工作环境是比较自由的，用户可以根据自己的爱好自定义适合自己的工作环境，这也是该软件人性化的一个体现。

1.3.1　设置绘图单位

单位设置是创建三维场景前应首先进行的操作，只有单位设置正确才能保证绘图的尺寸和比例与实际相符，这也是创建三维场景的基本要求。最习惯的测量单位是毫米，也是三维设计中最常用的单位。设置绘图单位的操作步骤如下：

（1）选择"自定义／单位设置"命令，在打开的"单位设置"对话框中选择"公制"单选按钮，并在其下的下拉列表框中选择"毫米"选项，如图 1-25 所示。

（2）单击"系统单位设置"按钮，在打开的对话框中将单位比例设置为"毫米"，如图 1-26 所示。

（3）单击"确定"按钮返回"单位设置"对话框，单击"确定"按钮完成设置。

图 1-25　"公制"　　图 1-26　系统单位比例

1.3.2　设置视图背景

默认状态下，视图的背景显示为灰色，用户可以根据个人爱好改变视图背景的颜色。操作步骤如下：

（1）选择"自定义 / 自定义用户界面"命令，在打开的"自定义用户界面"对话框中选择"颜色"选项卡，在对话框左上侧的列表框中选择"视口背景"选项，如图 1-27 所示。

（2）单击对话框右上侧的颜色块，在打开的"颜色选择器"对话框中设置需要的颜色，这里将颜色调制为深蓝色，如图 1-28 所示。

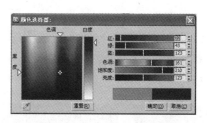

图 1-27　视口背景　　　　　　　　图 1-28　设置颜色

（3）单击"确定"按钮返回"自定义用户界面"对话框，单击"立即应用颜色"按钮，此时视图的背景显示为深蓝色，如图 1-29 所示。

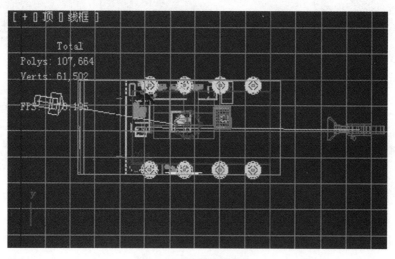

图 1-29　背景颜色改变

1.3.3　设置快捷键

为了节省时间、提高工作效率，可以设置键盘上的一个或一些组合键来完成特定的操作，3ds max 2011 已经为一些常用的操作定义了快捷键，但用户可以根据需要自行设置或改变一些快捷键。操作步骤如下：

（1）选择"自定义 / 自定义用户界面"命令，在打开的"自定义用户界面"对话框中选择"键盘"选项卡，在左侧的列表框中选择要定义快捷键的操作，这里选择"组"选项。

（2）在对话框右上侧的"热键"文本框中单击，并在键盘上按相应的键位，这里按 Ctrl 键和 G 键，然后单击"指定"按钮即可。如果要删除某项操作的快捷键，只需先在列表框中选择该项操作，然后单击对话框右上侧的"移除"按钮即可。

1.3.4　设置文件自动备份

为了减少突然断电、电脑死机等意外情况给设计工作带来的损失，除了要养成经常对操作编辑进行保存的习惯外，还可以设置文件的自动备份，操作步骤如下：

（1）选择"自定义 / 首选项设置"命令，在打开的对话框中选择"文件"选项卡，如图 1-30 所示。

（2）在"自动备份"栏中的"备份间隔（分钟）"数值框中输入一个值，然后单击"确定"按钮完成设置。

完成文件自动备份的设置后，在文件的编辑过程中，系统会自动根据所设置的间隔时间对当前文件进行备份，并存储在 3ds max 2011 安装目录下的 autoback 文件夹或"我的文档"下 autoback 文件夹，名称依次为 AutoBackup01、AutoBackup02 和 AutoBackup03，如图 1-31 所示。

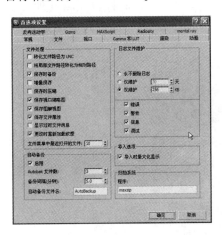

图 1-30　自动备份　　　　　　　　　　图 1-31　自动备份的文件

1.3.5　存储自定义方案

在 3ds max 2011 中，用户可把定义好的环境方案存储起来，方便以后随时调用。存储自定义方案的操作步骤如下：

选择"自定义 / 保存自定义 UI 方案"命令，在打开的"保存自定义 UI 方案"对话框中的"文件名"文本框中输入方案名称，然后单击"保存"按钮即可。

在存储自定义方案时，系统会自动将产生的方案文件存储在 3ds max 2011 安装目录下的 UI 文件夹下。

1.3.6　加载自定义方案

用户自定义的 UI 方案存储后，可以随时调用，选择"自定义 / 加载自定义 UI 方案"命令，在打开的"加载自定义 UI 方案"对话框中选择要加载的方案名称，然后单击"打开"按钮即可。

除了可以加载用户自定义的方案和系统默认的方案（DefaultUI）外，系统还内置了 ame-dark 方案、ame-light 方案和 Modular ToolbarsUI 方案，加载后可按系统预设方案改变工作界面。

课后任务：设置个性工作界面

（1）选择"自定义 / 自定义用户界面"命令，将视口背景改为蓝色。

（2）选择"视图 / 视口配置"命令，将视口设置为如图 1-32 所示布局。

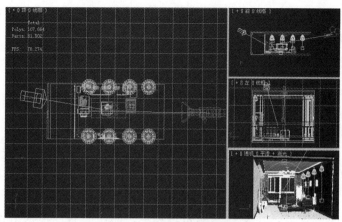

图1-32　更改视图布局

（3）将光标放在主工具栏选择工具组左端边框处，光标变成可移动工具栏光标后，按住左键拖动鼠标到视图左侧，待光标变为黑色边框后释放鼠标，完成工具栏移动。同样方法将其他工具栏的工具组移动到视图的左侧，如图1-33所示。

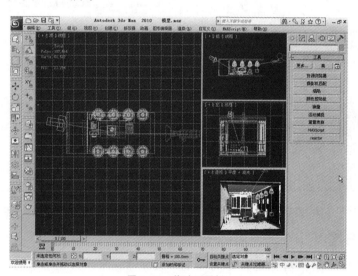

图1-33　移动工具栏

（4）用移动工具栏以同样的方法移动命令面板到视图左侧，如图1-34所示。完成个性工作界面的设置。

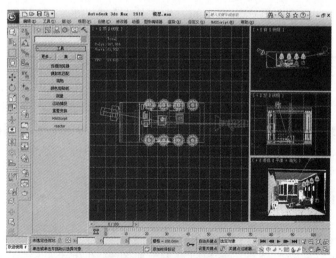

图1-34　自定义工作界面

第2章
对象的基本操作

2.1 对象种类

在实现一套效果图的实际操作中，除了模型以外还有其他对象，例如摄影机、灯光、二维图形等，这些对象对三维场景的建立以及图像渲染起着重要作用。

2.1.1 几何体

几何体一般是由"几何体"命令面板创建的，是实体的三维对象，是三维场景的主体。如图2-1～图2-3所示分别为创建的管状体、异面体和植物。

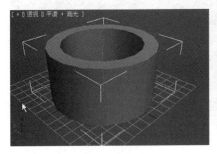

图2-1 管状体

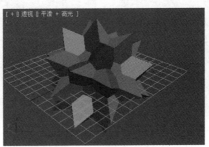

图2-2 异面体

图2-3 植物

2.1.2 图形

图形一般是由"图形"命令面板创建的，是一条或一组二维的线，通常用来辅助三维建模。如图2-4～图2-6所示分别为创建的环形、螺旋线和文本。

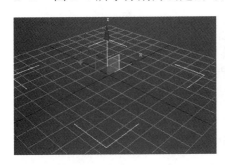

图2-4 环形

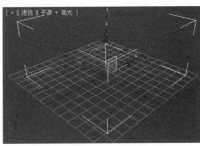

图2-5 螺旋线

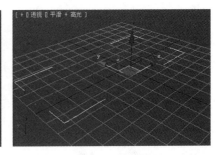

图2-6 文本

2.1.3 灯光

灯光一般是通过"灯光"命令面板来创建，也可通过"系统"命令面板来创建。灯光用来模拟三维场景的光影效果，如图2-7～图2-9所示分别为"灯光"命令面板和"系统"命令面板创建的目标聚光灯、目标面光源和太阳光。

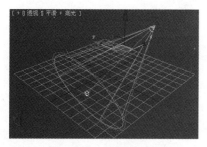

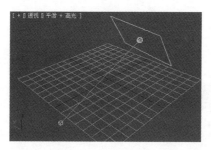

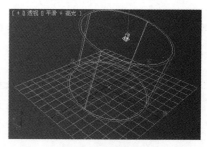

图 2-7　目标聚光灯　　　　　　图 2-8　目标面光源　　　　　　图 2-9　太阳光

2.1.4　摄影机

　　摄影机是通过"摄影机"命令面板创建的。它可以通过指定摄影机视图进行场景观察，实现类似人眼观察事物的场景效果。目标摄影机常用来表现静态的三维场景；自由摄影机常用来表现动画的视角移动。如图 2-10 和图 2-11 所示，分别为目标摄影机和自由摄影机。

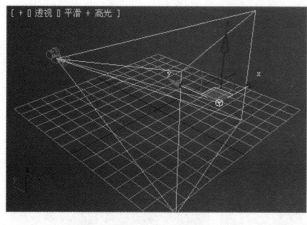

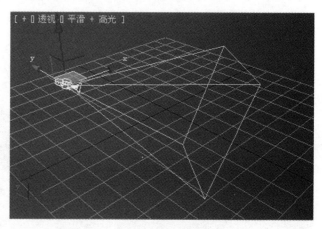

图 2-10　目标摄影机　　　　　　　　　　　　　　图 2-11　自由摄影机

2.1.5　辅助对象

　　辅助对象用来辅助创建三维场景，如为三维场景指示方向、测量两点间的距离、测量线条或面之间的角度等。另外，辅助对象也常用来为三维动画场景服务，如虚拟对象和指南针。

2.1.6　组／集合

　　用户可以将一组对象以组或集合的形式进行组合，以便于整体操作。例如整体移动、旋转、缩放等。

2.1.7　空间扭曲

　　空间扭曲对象都是通过"空间扭曲"命令面板来创建的。空间扭曲对象也是用来辅助创建三维场景的，如推拉、马达运行、爆炸等。

2.1.8　骨骼对象

　　骨骼对象通过"系统"命令面板来创建。骨骼对象是一个有关节的层次链接，常用来创建具有连续皮肤网格的角色模型。

2.2　对象的选择

　　当对象被选择时，对象的线框以白色显示，如图 2-12 所示。如果被选择对象是"平滑＋高光"模式则在对象周围显示一个立体的白色线框，如图 2-13 所示。

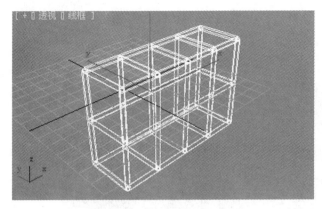

图 2-12　对象的线框以白色显示

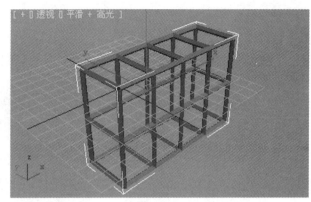

图 2-13　对象周围显示一个立体的白色线框

2.2.1　单击选择

　　单击主工具栏中的"选择对象"按钮"▣"，然后在该按钮左侧的"全部"下拉列表框中选择要选择对象的类型，这里选择"G-几何体"，如图 2-14 所示。将光标移动到要选择的对象上，此时光标呈十字形显示，单击即可完成选择，如图 2-15 所示。

图 2-14　设置选择类型

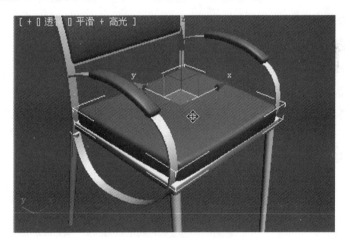

图 2-15　单击选择

　　在选择对象时，按住 Ctrl 键，并连续单击其他要选择的对象，可实现对象的加选；按住 Alt 键或 Ctrl 键，并单击已选择的对象，则可取消对象的选择；按 Ctrl+A 组合键，可选择指定类型的全部对象。

2.2.2　区域选择

　　区域选择就是根据鼠标在视图拖出的区域范围实现对象的选择，分为"交叉"选择和"窗口"选择。系统默认为交叉选择方式，即对象的任何部分在框选范围内都会被选择；窗口选择是当对象完全位于选择区域内时，对象才能被选择。单击"交叉"选择按钮"▣"，则该按钮变为"窗口"选择按钮"▣"。

　　区域选择工具组中从上至下的选择工具依次为"矩形选择工具""▣"、"圆形选择"工具"▣"、"围栏选择"工具"▣"、"套索选择"工具"▣"和"绘制选择"工具"▣"，如图 2-16 所示。它们都是通过在视图中拖动绘制选择区域来实现对象的选择。

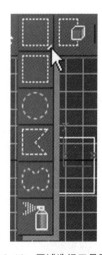

图 2-16　区域选择工具图

2.2.3　按颜色选择

　　系统中的每一个对象都有默认颜色，也可以对对象的颜色进行设置。按颜色选择对象是指在视图中选择任意一个对象，其他与其具有相同颜色的对象都将被选择。

选择菜单中的"编辑／选择方式／颜色"命令，如图2-17所示。光标变成按颜色选择光标，移动光标到要选择的对象上，如图2-18所示，单击即可选择场景中与其颜色相同的所有对象。

图 2-17　按颜色选择命令

图 2-18　按颜色选择

2.2.4　按名称选择

场景中的每个对象系统都会自动为它们指定名称，也可为对象重新命名。可以通过用户名称实现对对象的选择操作。

选择"编辑／选择方式／名称"命令，或者单击工具栏中的"按名称选择"按钮"⬚"，打开"从场景选择"对话框，如图2-19所示。在对话框左侧的"名称"列表框中选择要选择的对象，然后单击"确定"按钮即可。

图 2-19　"从场景选择"对话框

2.3　对象的移动

2.3.1　拖拉移动

拖拉移动是最常用的移动方式，单击主工具栏中的"选择并移动"按钮"⬚"，选择要移动的对象，然后将光标移动到某个轴向上或平面上，此时轴向或平面被激活，呈黄色显示，如图2-20所示。然后按住鼠标左键不放并拖动即可实现对象的移动操作，如图 2-21 所示。

选择对象后，按减号键，可快速缩小坐标；按加号键可快速放大坐标。按 X 键可冻结坐标，再按 X 键则解冻坐标。

图 2-20　选择对象并激活坐标平面

图 2-21　移动操作

2.3.2　精确移动

拖拉操作很难确定对象的精确移动距离，可以通过输入坐标数值来实现对象的精确移动。选择要移动的对象后，按 F12 键或在工具栏的移动按钮上单击右键，打开"移动变换输入"对话框，在"偏移：世界"栏中的 X 轴、Y 轴或 Z 轴对应的数值框中输入要移动的距离。这里让所选对象沿 Y 轴移动 1000mm，输入数值如图 2-22 所示。按 Enter 键完成移动，如图 2-23 和图 2-24 所示为移动前后效果对比。

图 2-22　输入移动距离数值

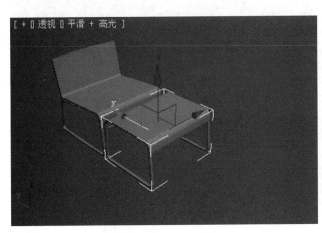

图 2-23　移动前

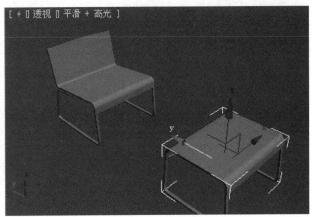

图 2-24　移动后

2.4　对象的旋转

2.4.1　拖拉旋转

拖拉旋转是最常用的旋转方式。单击主工具栏中的"旋转"按钮，选择要旋转操作的对象，此时对象被一个旋转框所包围，它是由红、绿、蓝 3 条相交叉的圆形封闭线构成，分别代表对象在 X 轴、Y 轴和 Z 轴上的旋转方向，如图 2-25 所示。将光标移动到某个代表旋转方向的旋转框上，拖动鼠标即可实现旋转操作，如图 2-26 所示。

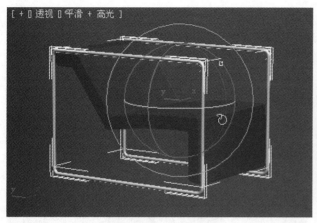

图 2-25　激活对象旋转状态

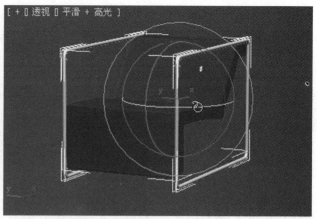

图 2-26　拖拉旋转操作

2.4.2　精确旋转

单击主工具栏中的"旋转"按钮，选择要旋转的对象，使对象进入旋转状态。按 F12 键或在工具栏的旋转按钮上单击鼠标右键，打开"旋转变换输入"对话框，在"偏移：世界"栏中的 X 轴、Y 轴或 Z 轴对应的数值框中输入要移动的距离。这里让所选椅子沿 Z 轴旋转 45°，输入数值如图 2-27 所示。按 Enter 键完成旋转操作，如图 2-28 和图 2-29所示为旋转前后效果对比。

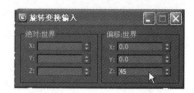

图 2-27　输入旋转角度

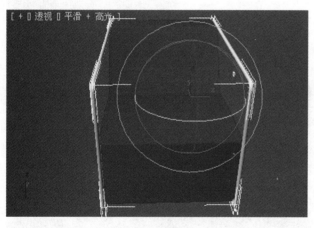

图 2-28　旋转前

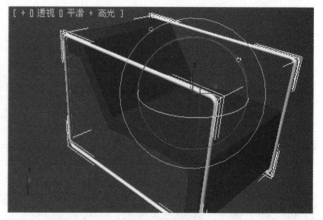

图 2-29　旋转后

2.5　对象的缩放

工具栏中提供了 3 种缩放按钮"▣"、"▣"、"▣"，分别为"均匀缩放"、"非均匀缩放"、"挤压缩放"。均匀缩放就是在不改变对象形态比例的情况下将其放大或缩小；非均匀缩放就是在改变对象形态和体积的情况下进行缩放；挤压缩放就是在保持对象体积不变的情况下改变对象的形态。

缩放操作分为推拉缩放和精确缩放，操作方法与移动和旋转相似，详细操作步骤不再讲述。

2.6　对象的对齐

2.6.1　对齐工具对齐

在工具栏中将参考坐标系设为"世界"，在视图中选择要对齐的对象（柱头），如图 2-30 所示。单

建筑装饰

3ds max

击工具栏中的"对齐"按钮"⬚"。单击视图中作为参考的目标对象（柱基），在打开的"对齐当前选择"对话框中的"对齐位置（世界）"栏中设置要对齐的轴向和对齐的方式，如图 2-31 所示。单击"应用"按钮，对齐后的效果如图 2-32 所示。再次设置对齐方式如图 2-33 所示，单击"确定"按钮，对齐后的效果如图 2-34 所示。

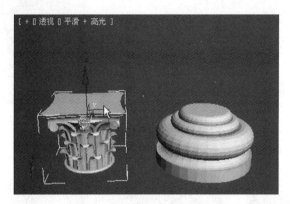

图 2-30　选择要对齐的对象

图 2-31　设置对齐方式（一）

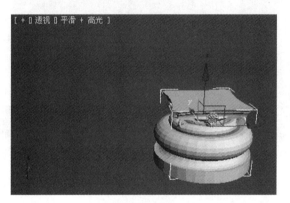

图 2-32　对齐效果（一）

图 2-33　设置对齐方式（二）

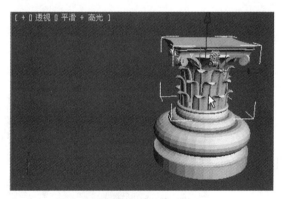

图 2-34　对齐效果（二）

　　在对齐操作过程中，被选择对象按所设置的对齐方式产生移动等变化，目标对象不发生变化。选择要对齐的对象后，按 Alt+A 组合键，可快速调出"对齐"命令。

　▢X位置　　▢Y位置　　☑Z位置　指定要执行对齐操作的轴。

　●最小　将选择对象上的 X 轴、Y 轴或 Z 轴上最小值的点与目标对象的相应点对齐。

　●中心　将选择对象的中心与目标对象的相应点对齐。

　●轴点　将选择对象的轴点与目标对象的相应点对齐。

　●最大　将选择对象上的 X 轴、Y 轴或 Z 轴上最大值的点与目标对象的相应点对齐。

2.6.2　捕捉对齐

单击工具栏中的"捕捉开关"按钮""，开启捕捉。选择菜单中的"工具／栅格和捕捉／栅格和捕捉设置"命令，或在"捕捉开关"按钮上单击鼠标右键，调出"栅格和捕捉设置"对话框，如图 2-35 所示。对话框中的"捕捉"选项卡下列出了允许捕捉操作的不同方式，可以通过勾选不同的捕捉方式实现精确的位置对齐。

这里选择"顶点"捕捉方式，选择移动工具，移动光标到要对齐的对象上的对齐点上，这时系统自动捕捉设定部位，以蓝色的"+"表示，如图 2-36 所示。按住鼠标不放，将要对齐的对象拖动到目标对象的对齐点上，目标对象在相应部位自动显示蓝色捕捉标志，如图 2-37 所示。释放鼠标完成对齐操作。

图 2-35　栅格和捕捉设置对话框

图 2-36　自动捕捉点

图 2-37　捕捉对齐

2.7　对象的隐藏与显示

在实际工作中为了方便操作，经常会把一些暂时不需要编辑的对象隐藏起来，隐藏后的对象并没有被删除，而是临时存储在系统默认的缓冲区内，在需要编辑的时候再把它们显示出来。

2.7.1　按类别隐藏

打开一个由多种对象组成的场景，如图 2-38 所示。单击命令面板中的"显示"按钮"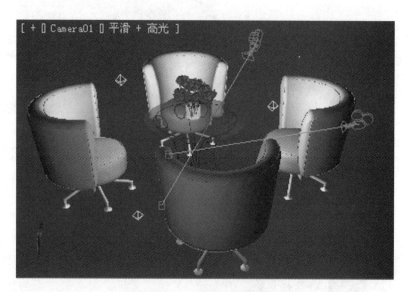"，在"按类别隐藏"卷展栏里系统列出了 8种对象类型，通过勾选就可以实现按类别隐藏操作，这里勾选"灯光"和"摄影机"，如图 2-39 所示。场景中的所有灯光和摄影机被隐藏，如图 2-40 所示。

图 2-38　打开多种对象场景

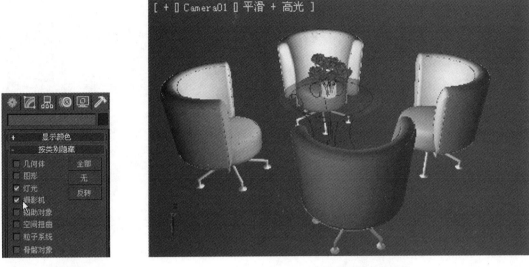

图 2-39　勾选隐藏类型　　　　　　图 2-40　相应类型对象被隐藏

2.7.2　选定对象的隐藏和显示

选择要隐藏的对象，单击命令面板中的"显示"按钮，在展开的"隐藏"卷展栏中单击"隐藏选定对象"按钮，此时选择的对象被隐藏。

隐藏选定对象　单击该按钮，可以隐藏场景中被选定的对象。

隐藏未选定对象　单击该按钮，可以隐藏场景中未被选定的对象。

按名称隐藏…　单击后调出"隐藏对象"对话框，与按名称选择操作相似。

按点击隐藏　单击该按钮后，点击要隐藏的对象，即可实现对象的隐藏。

按名称取消隐藏…　是"按名称隐藏"的逆向操作。

全部取消隐藏　单击后，场景中所有被隐藏的对象都被显示出来。

2.8　对象的冻结与解冻

冻结操作是对暂时不需要编辑的对象冻结。被冻结的对象呈灰色显示，不能对其进行选择、移动等操作，这样可以有效地减少错误操作，提高工作效率。可以根据需要随时冻结和解冻场景对象。

在视图中选择 4 把椅子作为将要冻结的对象，如图 2-41 所示。单击命令面板中的"显示"按钮，展开"冻结"卷展栏，如图 2-42 所示。单击"冻结选定对象"按钮，选定的 4 把椅子被冻结，呈灰色不可编辑状态，如图 2-43 所示。

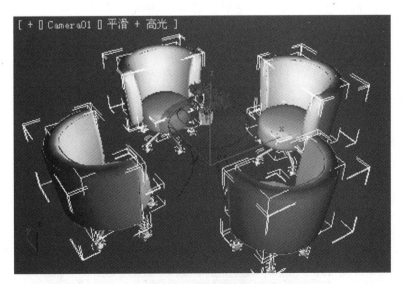

图 2-41　选择待冻结对象

冻结卷展栏中按钮的操作，与隐藏相似，不再重复叙述。

图 2-42　"冻结"卷展栏

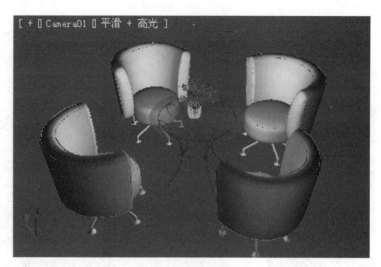

图 2-43　椅子被冻结

2.9　对象的孤立

　　选择场景中的待孤立对象，选择"工具／孤立当前选择"命令，或按 Alt+Q 组合键，选择的对象被孤立显示在视图中，完成孤立操作后，界面中出现"警告：已孤立的当前..."对话框，单击该对话框中的"退出孤立模式"按钮或"关闭"对话框，可快速退出孤立模式。

2.10　对象的复制

2.10.1　变换复制

　　复制是把一个或一组对象创造出一个或多个副本的操作，这种操作在实际工作中被频繁使用，有效的复制操作可以节省大量时间，提高工作效率。

1．移动复制

　　单击工具栏中的"选择并移动"按钮，选择要复制的对象，如图 2-44 所示。按住 Shift 键不放，按坐标上的某个轴向或由某两个轴向组成的平面拖动鼠标，这里沿 X 轴向右拖动。在打开的"克隆选项"对话框中的"对象"栏中选择复制关系，在"副本数"数值框中输入要生成副本的数量，在"名称"文本框中输入生成副本的名称，如图 2-45 所示，然后单击"确定"按钮完成复制操作，如图 2-46 所示。

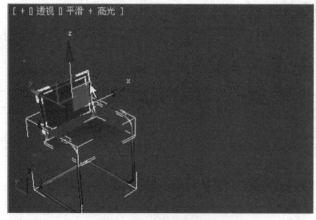

图 2-44　选择要复制的椅子

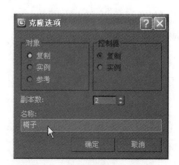

图 2-45　"克隆选项"对话框

●复制 复制生成的副本与原对象之间没有任何关系。修改其中一个对象，不会影响另一个对象。

●实例 复制生成的对象与原对象之间是相互关联的。修改其中一个对象，就会影响另一个对象。

●参考 修改复制生成的副本不会对原对象造成任何影响，但对原对象进行的任何操作都会影响到副本对象。

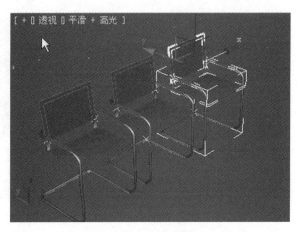

图2-46 椅子被复制

2. 旋转复制

单击主工具栏中的"旋转"按钮，选择要复制的对象。按住 Shift 键不放，同时沿某个代表旋转方向的旋转框拖动鼠标，这里沿 Z 轴旋转，如图2-47所示。在打开的"克隆选项"对话框中选择复制关系、设置副本数和名称，如图2-48所示。然后单击"确定"按钮，复制结果如图2-49所示。

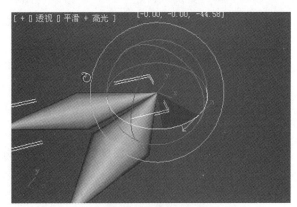

图2-47 选择对象并旋转

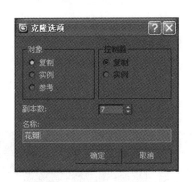

图2-48 "克隆选项"对话框

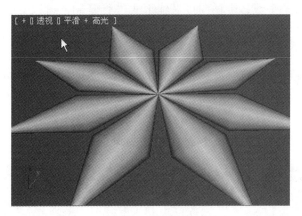

图2-49 复制效果

3. 缩放复制

单击工具栏中的缩放工具按钮，这里单击"均匀缩放"按钮。然后选择要复制的对象，按住 Shift 键不放，同时沿某个轴或由某两个轴组成的平面拖动鼠标。在打开的"克隆选项"对话框中选择复制关系、设置副本数和名称，然后单击"确定"按钮，完成复制操作。

均匀缩放复制生成的对象与原对象外形相同；非均匀缩放和挤压缩放复制生成的对象则与原对象外形不同，呈渐变状态。

2.10.2 阵列复制

阵列操作可以在三维空间中对选择的对象进行精确地复制、变换和定位，在制作大量有序的对象时非常高效。选择场景中要复制的对象，选择"工具／阵列"命令，打开如图2-50所示的"阵列"对话框。

图 2-50 "阵列"对话框

（1）"阵列变换"选项组：可以指定使用移动、旋转、缩放中的任何一种方式进行复制，也可以同时使用其中的两种或者三种进行阵列操作。可以设置各元素在不同轴向的距离。

（2）"对象类型"选项组：可以选择复制方式。

（3）"阵列维数"选项组：用来确定阵列的维数和各维数的复制数量，以及维数之间的间隔距离。

（4）"均匀"复选框：选中该复选框后，缩放对应的数值框将只有一个数值框允许输入数值，这样可以保证对象只发生体积变化而不发生形状变化。

（5）"重新定向"复选框：选中该复选框，旋转原始对象时，同时复制生成的对象将根据其自身的坐标系进行旋转定向，使其在旋转轨迹上总保持与原始对象相同的角度。

（6）"重置所有参数"按钮：单击该按钮，对话框中的所有参数将恢复到系统默认状态。

阵列方式可分为线形阵列、圆形阵列、螺旋形阵列。

1. 线形阵列

对象沿一个或多个轴向以直线形式进行复制，可以分为一维阵列、二维阵列和三维阵列。

一维阵列：选择"阵列"对话框中的"1D"按钮，对象将沿一个轴向进行阵列复制，复制的对象形成一行，在"阵列变换"中输入对象偏移距离，在"数量"中输入阵列对象总数，如图 2-51 所示。

二维阵列：选择"阵列"对话框中的"2D"按钮，对象将沿两个轴向进行阵列复制，复制的对象在一个平面上，在"增量行偏移"中输入行偏移距离，在"数量"中输入阵列的行数，如图 2-52 所示。

三维阵列：选择"阵列"对话框中的"3D"按钮，对象将沿三个轴向进行阵列复制，复制的对象呈三维空间显示，在"增量行偏移"中输入层偏移距离，在"数量"中输入阵列的层数，如图 2-53 所示。

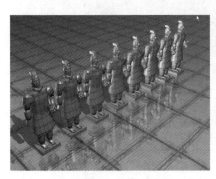

图 2-51 一维阵列

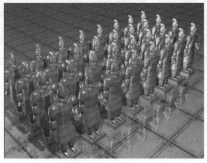

图 2-52 二维阵列

图 2-53 三维阵列

2. 圆形阵列

选择要阵列的对象，单击命令面板中的"层次"按钮"⊞"，在"层次"命令面板中点击"仅影响轴"按钮，将对象轴移动到如图 2-54 所示位置，再次单击"仅影响轴"按钮，退出轴选择状态。对"阵列"对话框进行设置，如图 2-55 所示。单击"确认"按钮，阵列效果如图 2-56 所示。

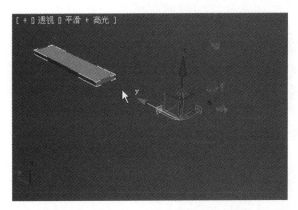

图 2-54 移动对象轴心

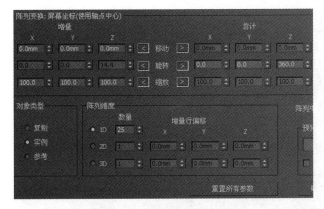

图 2-55 圆形阵列对话框设置

图 2-56 圆形阵列效果

3. 螺旋形阵列

螺旋形阵列是指在圆形阵列的同时将对象沿着中心轴移动，从而形成类似旋转楼梯的阵列效果。如图 2-57 所示为案例螺旋阵列数值设置，图 2-58 所示为螺旋阵列效果。

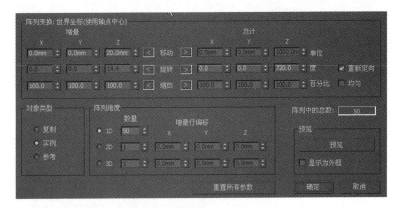

图 2-57 螺旋形阵列对话框设置

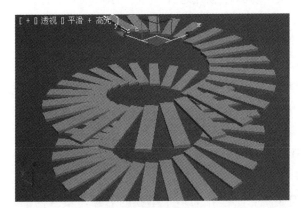

图 2-58 螺旋阵列效果

2.10.3 间隔复制

间隔复制是对象以一条二维线为路径，沿已有路径进行复制。选择要复制的对象，选择"工具／对齐／间隔工具"命令，调出"间隔工具"对话框，单击"拾取路径"按钮，如图 2-59 所示。将鼠标光标移动到视图中的一条作为复制路径的曲线上单击拾取，如图 2-60 所示。设置数量，勾选"跟随"复选框，复制结果如图 2-61 所示。

图 2-59 "间隔工具"对话框

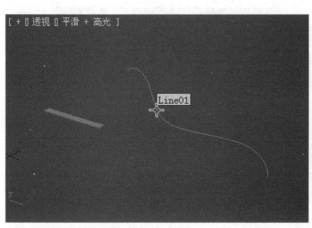

图 2-60 拾取路径

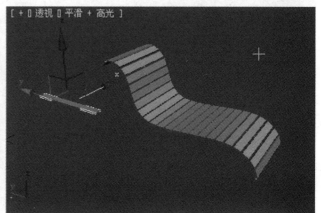

图 2-61 间隔复制效果

2.11 组与集合

2.11.1 组的创建与编辑

组是把一个或多个对象组成一个整体，以方便移动、旋转、缩放等统一的操作。可以把组看成是一个独立的物体，选择要成组的一个或多个对象，选择"组／成组"命令，如图 2-62 所示。在弹出的"组"对话框中输入组名，单击"确定"按钮，完成组的创建。

图 2-62 "组／成组"命令

解组：解组与成组相反，解组后组内所有对象重新独立。

打开：如果要编辑组内某个对象，应先选择"组／打开"命令打开组，然后即可选择要编辑的对象。

关闭：与打开相反，是使打开的组内对象重新回到整体状态。

附加：将其他对象添加到组当中。首先选择要附加的对象，选择"附加"命令，在视图中点击要加入的组，即可实现对象附加。

分离：将组中的对象分离出来，是附加的逆向操作。要将对象从组里分离出来，首先要打开组，选择要分离的对象，选择"组／分离"命令即可。

炸开：将组和组内所有的内嵌组全部解开。

2.11.2 集合的创建与编辑

集合也是一组对象，但是集合不能作为一个单独的对象，集合内的对象不需要打开集合就能进行编辑。选择要组成集合的一个或多个对象，单击工具栏中的"编辑命名选择集"按钮"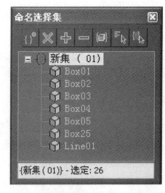"，打开"命名选择集"对话框，单击对话框中的"创建新集"按钮"" ，系统将自动创建一个名称为"新集（01）"的集，如图2-63所示。

　　 高亮显示选择对象：将视图中被选择的集合对象在集合中高亮显示。

　　 按名称选择：按名称选择集合内的对象。

　　 选择集合内的对象：单击按钮可以快速选择当前集合内的所有对象。

　　 减去选定对象：将被选择的对象从集合内减除。

　　 添加选定对象：将视图内的选定对象添加到当前集合。

　　 删除：单击按钮可以快速删除选定集合。

图 2-63　"命名选择集"对话框

课后任务：为木箱安装拉环

（1）打开"第2章/源文件/木箱组件.max"文件，如图2-64所示。场景中包含一个木箱和两个待安装的组件：方环和圆环。

（2）激活透视图，在视图控制区选择"环绕"工具" "，在透视图中将视图进行旋转操作，使视图更便于预览，如图2-65所示。

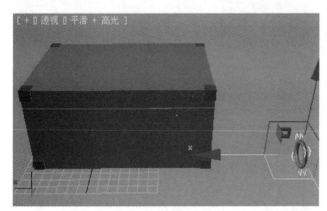

图 2-64　打开场景文件

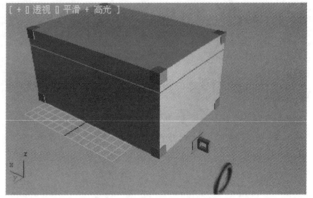

图 2-65　调整视图预览角度

（3）用移动工具选择方环对象，将方环移动到如图2-66所示位置，激活2.5维捕捉按钮" "，在按钮上单击鼠标右键，在弹出的"栅格和捕捉设置"面板中选择"边/线段"捕捉方式，如图2-67所示。

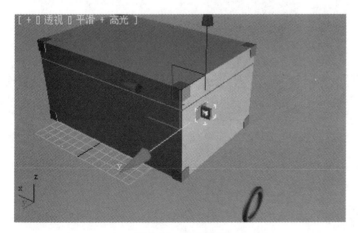

图 2-66　移动方环

图 2-67　设置捕捉方式

（4）在顶视图将方环的一边与箱子的边捕捉对齐，如图 2-68 所示。取消自动捕捉，调整方环的位置，如图 2-69 所示。

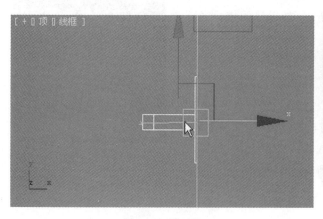

图 2-68　边对齐

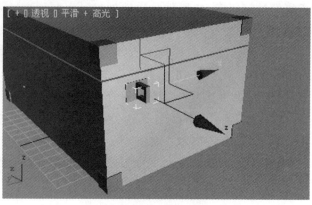

图 2-69　调整位置

（5）选择并移动圆环，将圆环安装到方环上，如图 2-70 所示。安装效果如图 2-71 所示。

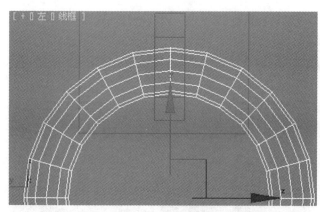

图 2-70　安装圆环

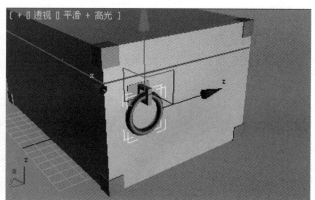

图 2-71　安装效果

（6）选中方环和圆环，按住 Shift 键在左视图沿 X 轴拖动复制，如图 2-72 所示。调整复制对象的位置，如图 2-73 所示。

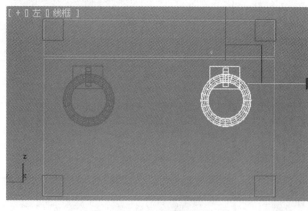

图 2-72　复制构建

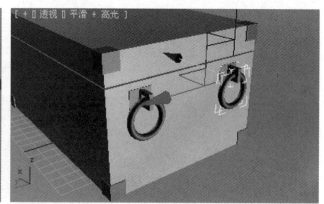

图 2-73　安装效果

（7）使用同样方法完成箱子另一侧构建的复制和安装。

建筑装饰

3ds max

第3章
创建几何基本体

3.1 创建标准基本体

3.1.1 创建长方体

选择"长方体"按钮，在视图中按住鼠标左键不放，同时拖动光标拉出长方体的长和宽，如图3-1所示。放开鼠标左键向上或向下继续拖动光标，拉出长方体的高度，如图3-2所示。单击鼠标左键完成长方体的创建。

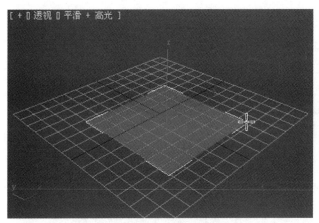

图 3-1 确定长方体的长和宽

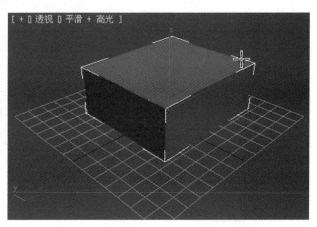

图 3-2 确定长方体的高

长方体是最简单的几何基本体，创建完成后可以单击命令面板中的"修改"选项卡，在"修改"命令面板中的"参数"卷展栏中显示出被选择长方体的精确数值，如图3-3所示。可以通过设置参数来确定长方体的精确尺寸。

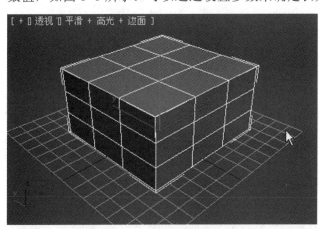

图 3-4 长方体的分段数

图 3-3 长方体参数

"长度"、"宽度"、"高度"：用来显示和输入长方体的长度、宽度和高度。

"长度分段数"、"宽度分段数"和"高度分段数"：用来显示和设置长方体在长度、宽度和高度上的分段数，如图3-4所示。分段数越多，对象表面越精细。

"生成贴图坐标"复选框：用来确定是否为所创建的长方体生成贴图坐标，系统默认勾选。

3.1.2 创建球体

单击"球体"按钮，在视图中任意位置单击确定球体中心，拖动光标确定球体半径，释放鼠标后完成球体的创建，如图 3-5 所示。球体创建完成后，可通过"修改"命令面板中的"参数"卷展栏来修改球体相关参数，如图 3-6 所示。

图 3-6 球体"参数"

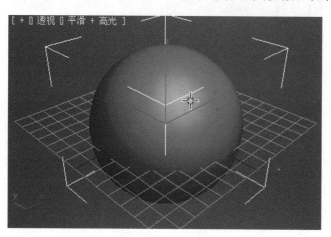

图 3-5 完成球体创建

"半径"：用来显示和调整球体的精确半径值。

"分段"：用来显示和调整球体表面的分段数，如图 3-7 所示。分段数值越多，则表面越光滑。

"半球"：用来控制球体在垂直方向上的剪切，分为切除和挤压两种方式，如图 3-8 和图 3-9 所示，为同一个球体的切除和挤压剪切方式的效果。

"切片启用"复选框：选中该复选框后，可以激活"切片从"和"切片到"数值框，该框用来控制沿球体水平切除的起始点。如图 3-10 所示，为球体 90°～180° 的切片效果。

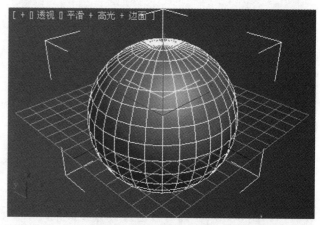

图 3-7 球体分段数

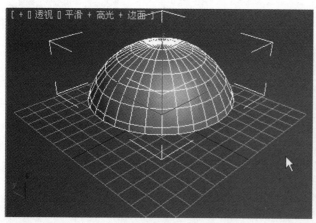

图 3-8 切除方式的半球

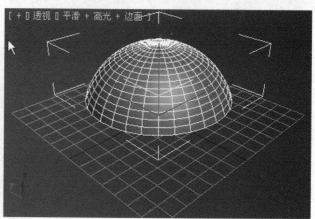

图 3-9 挤压方式的半球

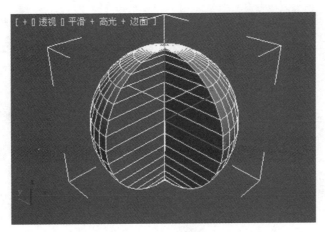

图 3-10　球体切片效果

"轴心在底部"复选框：选中该复选框后，球体自动向上移动，以便轴点位于其底部。

3.1.3　创建圆柱体

选择"圆柱体"按钮，在视图中按下鼠标左键不放，同时拖动光标拉出圆柱体的底面，如图 3-11 所示。释放鼠标左键向上或向下继续拖动光标，拉出圆柱体的高度，如图 3-12 所示。单击鼠标左键完成圆柱体的创建。

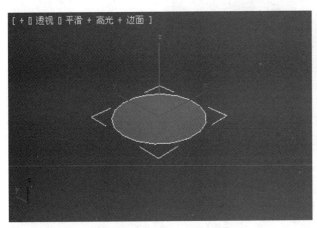

图 3-11　确定圆柱体的底边

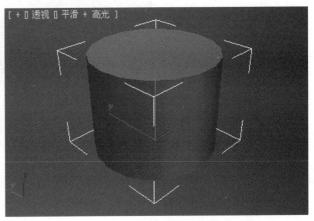

图 3-12　确定圆柱体的高度

通过圆柱体在"修改"命令面板中的"参数"设置，可以控制圆柱体的精确数值，如图 3-13 所示。

3.1.4　创建圆环

选择"圆环"按钮，在视图中按下鼠标左键不放，同时拖动光标确定圆环的整体半径，如图 3-14 所示。释放鼠标左键向上或向下移动光标，确定圆环的环状截面半径，如图 3-15 所示。单击鼠标左键完成圆环的创建。

通过在"修改"命令面板中的"参数"设置，可以控制圆环的精确数值和外观变化，如图 3-16 所示为圆环的分段和切片效果。

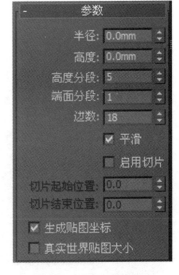

图 3-13　圆柱体"参数"

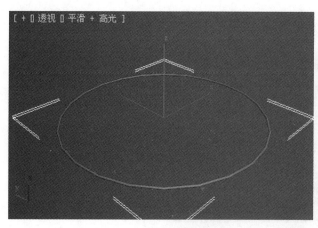

图 3-14　确定圆环整体外径

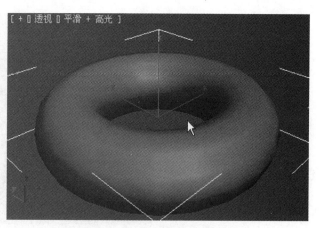

图 3-15　确定圆环截面半径

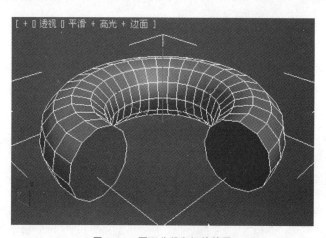

图 3-16　圆环分段和切片效果

3.1.5　创建茶壶

单击"茶壶"按钮，在视图中按下鼠标左键不放，同时拖动光标确定茶壶的半径，即可完成茶壶的创建，如图 3-17 所示为创建的茶壶效果。通过茶壶的"参数"卷展栏设置，如图 3-18 所示，可以隐藏茶壶的组成部件。如图 3-19 所示为隐藏茶壶部件效果。

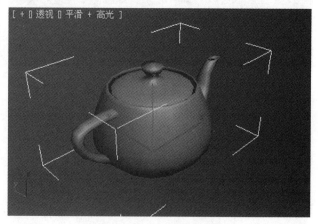

图 3-17　创建的茶壶效果

图 3-18　茶壶"参数"

图 3-19 茶壶部件隐藏效果

3.1.6 创建圆锥体

圆锥体的创建与圆柱体相似，只要在完成高度设定后，再次拖动光标确定圆锥体的锥化程度即可，如图 3-20 所示为圆锥体的创建效果。通过"参数"设定，如图 3-21 所示，可以精确定位圆锥体的数值和形状，如图 3-22 所示为圆锥体不同参数设定的效果。

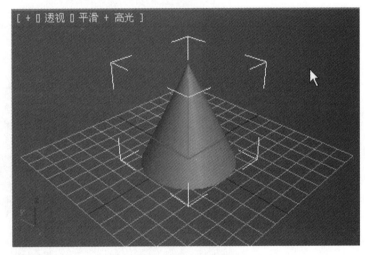

图 3-20 创建圆锥体

图 3-21 圆锥体"参数"

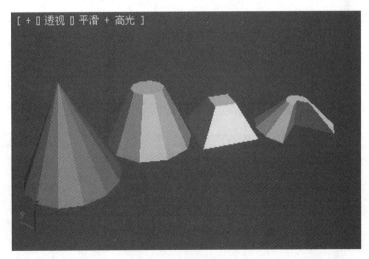

图 3-22 圆锥体不同效果

3.1.7 创建几何球体

几何球体与球体的创建方法完全一样，两者的区别在于表面的组成结构不同，如图 3-23 所示。通过如图 3-24 所示的"参数"卷展栏，可以快速改变几何球体的基本面数，如图 3-25 为几何球体不同基点面的效果。几何球体不能进行切片操作。

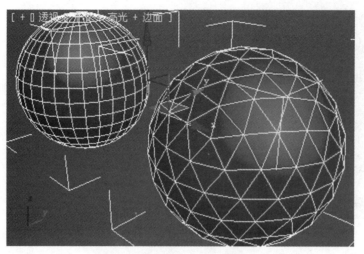

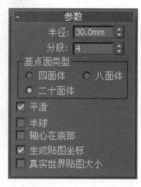

图 3-23　几何球体与球体表面对比　　　　　　　　　图 3-24　几何球体"参数"

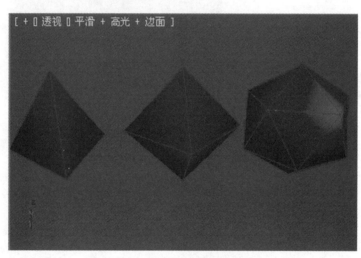

图 3-25　不同基点面效果

3.1.8　创建管状体

单击"管状体"按钮，在视图中按下鼠标左键不放，同时拖动光标确定管状体的第一个管壁半径，释放左键并拖动光标，单击鼠标左键后确定第二个管壁半径，确定管状体截面，如图 3-26 所示。继续向上或向下拖动光标确定管状体的高度，单击完成管状体的创建，如图 3-27 所示为创建的管状体效果。通过"参数"设定，可以精确控制管状体的数值和形状，如图 3-28 所示为管状体不同参数设定的效果。

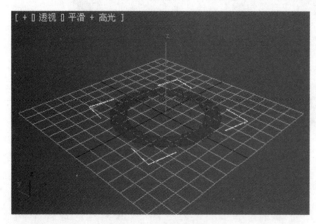

图 3-26　确定管状体截面

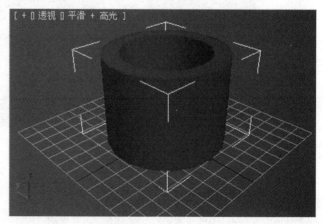

图 3-27　确定管状体高度

建筑装饰

3ds max

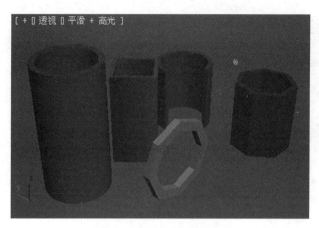

图 3-28　管状体不同参数效果

3.1.9　创建四棱锥

单击"四棱锥"按钮，在视图中按下鼠标左键不放，同时拖动光标拉出四棱锥的底面，如图 3-29 所示。释放鼠标左键向上或向下继续拖动光标，拉出四棱锥的高度，如图 3-30 所示。单击完成四棱锥的创建。

与其他几何基本体一样，通过"修改"命令面板中的"参数"设置，如图 3-31 所示，可以控制四棱锥的精确数值。

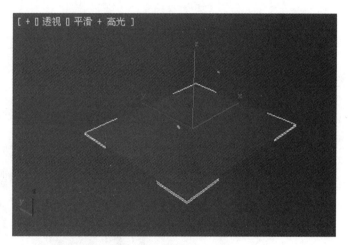

图 3-29　确定四棱锥底面

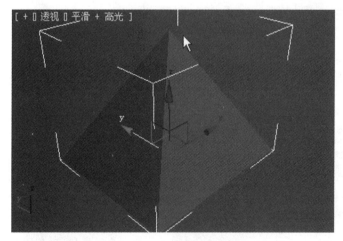

图 3-30　确定四棱锥高度

图 3-31　四棱锥"参数"

3.1.10　创建平面

单击"平面"按钮，在视图中按下鼠标左键不放，同时拖动光标拉出平面的长和宽，单击鼠标左键完成平面的建立，如图 3-32 所示。平面的大小由"参数"卷展栏中的长和宽控制，如图 3-33 所示。通过增加"参数"卷展栏中的分段数值可以增加平面的精细度，如图 3-34 所示。平面常用来创建地面、墙面、玻璃等类似平面的物体。

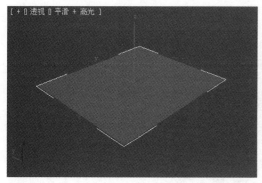
图 3-32 创建平面

图 3-33 平面"参数"

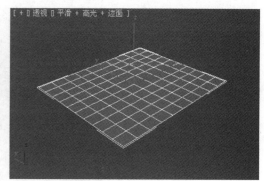
图 3-34 增加平面的分段数

3.2 创建扩展基本体

单击几何体创建命令面板中的"标准基本体"右侧的按钮"",在弹出的下拉列表中选择"扩展基本体",如图 3-35 所示。打开"扩展基本体"命令面板,在这个命令面板中罗列了 13 种扩展基本体创建按钮,如图 3-36 所示。要创建某种扩展基本体,只需选择相应按钮即可。

图 3-35 选择扩展基本体

图 3-36 扩展基本体按钮

3.2.1 创建异面体

选择"异面体"按钮,在视图任意位置单击确定异面体的中心,按住鼠标不放,同时拖动光标,确定异面体的半径,释放鼠标完成异面体的创建,如图 3-37 所示。异面体的形状由"参数"卷展栏中的数值和选项控制,如图 3-38 所示。图 3-39 所示为不同的异面体效果。

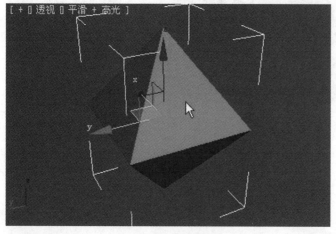
图 3-37 创建异面体

图 3-38 异面体"参数"

建筑装饰

3ds max

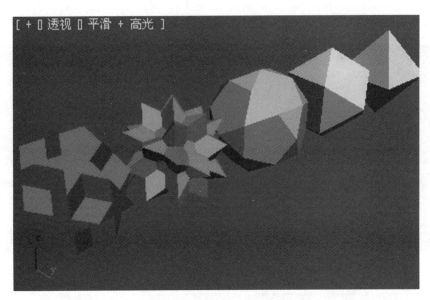

图 3-39　不同的异面体效果

"系列"：系统内置的 5 种不同种类的异面体。

"系列参数"：P 值可以控制异面体点的变化；Q 值可以控制异面体面的变化。

"轴向比率"：通过调整 P、Q、R 值，可以控制异面体表面的形状。

3.2.2　创建切角长方体

选择"切角长方体"按钮，在视图中按下鼠标左键不放，同时拖动光标拉出切角长方体的长和宽。释放鼠标左键向上或向下继续移动光标，单击拉出切角长方体的高度，如图 3-40 所示。继续向左或向右移动光标确定切角长方体的圆角，单击完成切角长方体的创建，如图 3-41 所示。

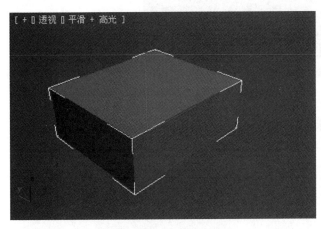

图 3-40　确定切角长方体高度

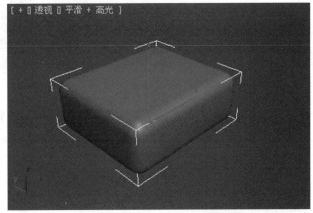

图 3-41　确定切角长方体圆角

切角长方体比正方体多了圆角控制。"参数"卷展栏中的"圆角"可以控制切角的大小；"圆角分段"可以控制切角的分段数值，数值越大切角越精细、越光滑。如图 3-42 所示为切角长方体"参数"卷展栏。

3.2.3　创建油罐

单击"油罐"按钮，在视图中拖动光标确定油罐底部的半径，如图 3-43 所示。向上或向下移动光标并单击确定油罐的高度，如图 3-44 所示。继续向上移动光标并单击，以确定油罐封口的高度，如图 3-45 所示。油罐"参数"的设置大多数与圆柱体卷展栏一样，其中多了"封口高度"和"混合"数值框。

图 3-42　切角长方体"参数"

"封口高度"用来控制油罐封口的高度;"混合"用来控制封口处边缘平滑程度。

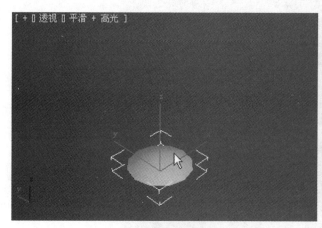

图 3-43　确定油罐底部半径

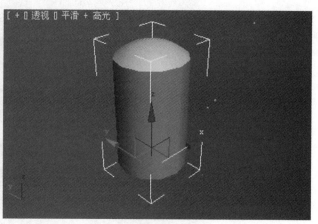

图 3-44　确定油罐高度

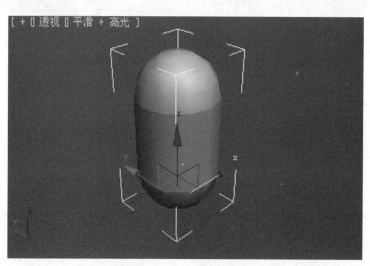

图 3-45　确定油罐封口高度

3.2.4　创建纺锤

　　单击"纺锤"按钮,在视图中拖动光标确定纺锤的半径,如图 3-46 所示。向上或向下移动光标并单击鼠标左键,确定纺锤的高度,如图 3-47 所示。继续向上移动光标并单击,确定纺锤封口的高度,如图 3-48 所示。纺锤"参数"的设置与油罐"参数"卷展栏参数的含义几乎相同。

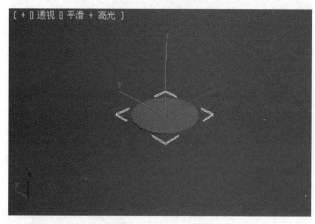

图 3-46　确定纺锤半径

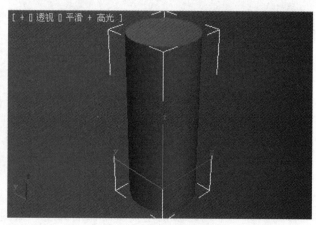

图 3-47　确定纺锤高度

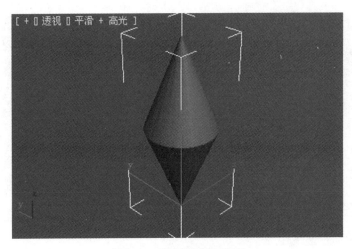

图 3-48　确定纺锤封口高度

3.2.5　创建棱柱

　　单击"棱柱"按钮，在视图中按下鼠标左键不放，同时向 X 轴拖动光标确定棱柱的一个侧面长度，如图 3-49 所示。向 Y 轴移动光标并单击鼠标左键，确定棱柱另外两个侧面长度，如图 3-50 所示。继续向上移动光标并单击鼠标左键，确定棱柱的高度，如图 3-51 所示。

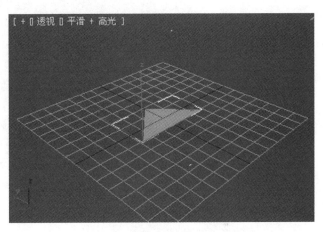

图 3-49　确定棱柱一个侧面长度

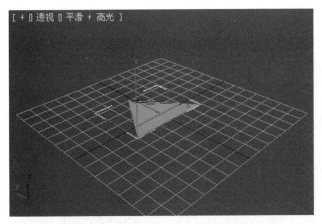

图 3-50　确定棱柱另外两个侧面长度

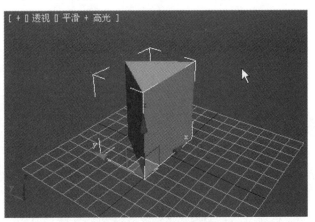

图 3-51　确定棱柱高度

3.2.6　创建球棱柱

　　选择"球棱柱"按钮，在视图中按下鼠标左键不放，同时拖动光标拉出球棱柱的底面，如图 3-52 所示。释放鼠标左键向上或向下继续移动光标并单击，拉出球棱柱的高度，如图 3-53 所示。继续向上移动光标并单击鼠标左键，确定球棱柱的切角，完成球棱柱的创建，如图 3-54 所示。

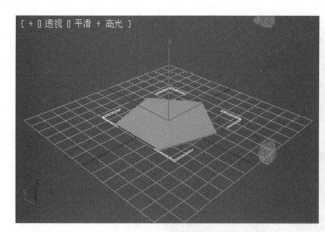

图 3-52 确定球棱柱底面

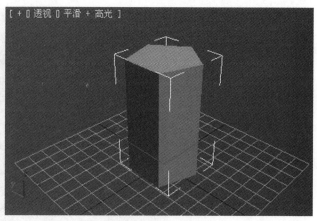

图 3-53 确定球棱柱高度

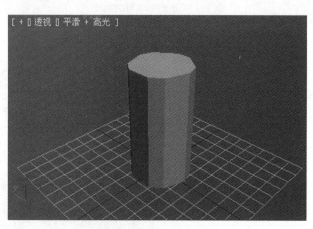

图 3-54 确定球棱柱切角

3.2.7 创建环形波

选择"环形波"按钮，在视图中拖动光标拉出环形波的外径，如图 3-55 所示。向上或向下继续移动光标并单击鼠标左键，确定环形波的内径，如图 3-56 所示。环形波主要用于辅助动画，这里不做详细讲述。

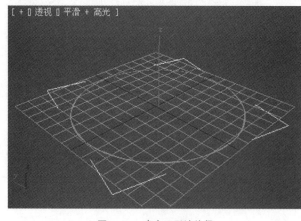

图 3-55 确定环形波外径

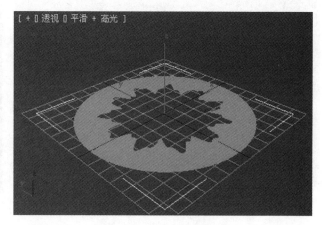

图 3-56 确定环形波内径

3.2.8 创建软管

单击"软管"按钮，在视图中拖动光标确定软管的底面半径，如图 3-57 所示。向上移动光标并单击鼠标左键，确定软管的高度，如图 3-58 所示。软管的详细参数可在"参数"卷展栏中设置。

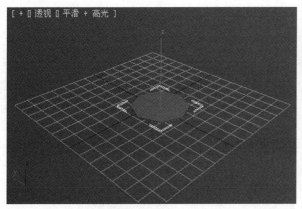

图 3-57　确定软管底面半径

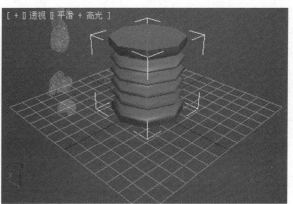

图 3-58　确定软管高度

3.2.9　创建环形结

单击"环形结"按钮，在视图中拖动光标确定环形结的半径，如图 3-59 所示。移动光标并单击鼠标左键，确定环形结的环状横截面半径，完成环形结的创建，如图 3-60 所示。

环形结具有"结"和"圆"两种类型，要创建"圆"类型的环形结，只要在"参数"卷展栏的"基础曲线"选项组里选择圆"　圆"即可，如图 3-61 所示为圆环的设置效果。

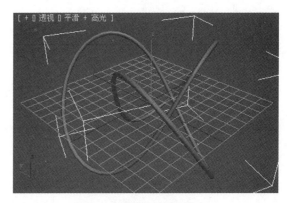

图 3-59　确定环形结半径

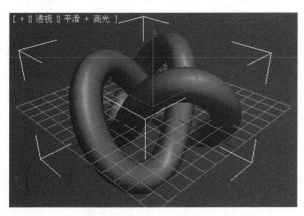

图 3-60　确定环状截面半径

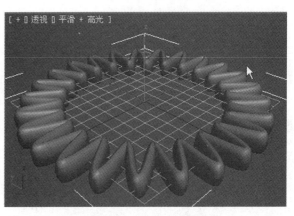

图 3-61　圆环"参数"设置效果

3.2.10　切角圆柱体

单击"切角圆柱体"按钮，在视图中拖动光标确定圆柱体的半径，如图 3-62 所示。向上或向下移动光标并单击鼠标左键，确定高度，如图 3-63 所示。继续向上移动光标并单击，确定圆角的数值，完成"切角圆柱体"的建立，如图 3-64 所示。

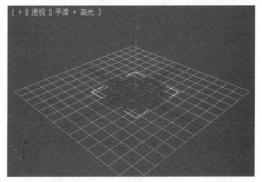

图 3-62　确定圆柱体半径

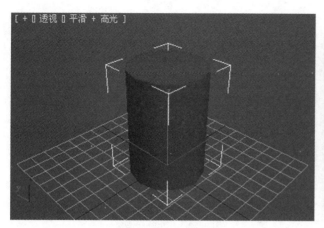

图 3-63　确定圆柱高度

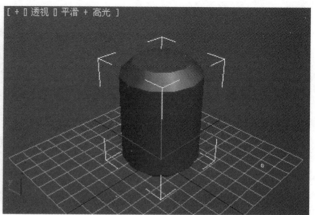

图 3-64　确定圆角数值

3.2.11　创建胶囊

　　单击"胶囊"按钮，在视图中拖动光标确定胶囊的半径，如图 3-65 所示。向上或向下移动光标并单击鼠标左键，确定胶囊的高度，如图 3-66 所示，完成胶囊的创建。胶囊和油罐类似，都是一个有封口的圆柱体，但是胶囊的封口不能随意设置高度。如图 3-67 所示为胶囊和油罐的结构对比。

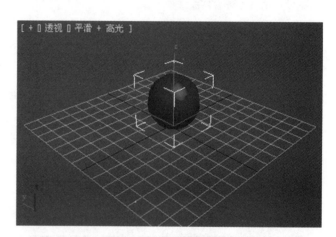

图 3-65　确定胶囊半径

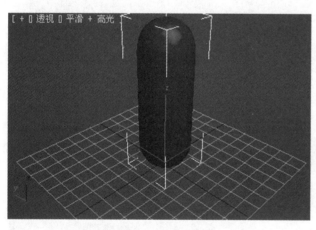

图 3-66　确定胶囊高度

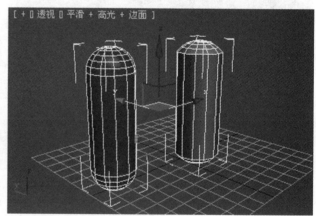

图 3-67　胶囊与油罐对比

3.2.12　创建L形延伸体（L-Ext）和C形延伸体（C-Ext）

　　单击"L-Ext"按钮，在视图中拖动光标确定底面面积，如图 3-68 所示。向上或向下移动光标并单击鼠标左键，确定高度，继续向上移动光标并单击鼠标左键，确定厚度，如图 3-69 所示。

　　C形延伸体的创建方法与L形延伸体的创建方法相同，如图 3-70 所示为C形延伸体的创建效果。

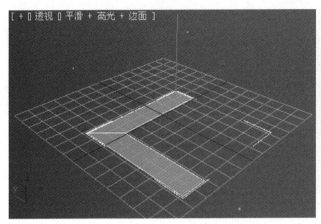

图 3-68　确定 L-Ext 底面面积

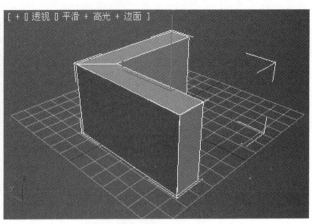

图 3-69　创建 L-Ext 效果

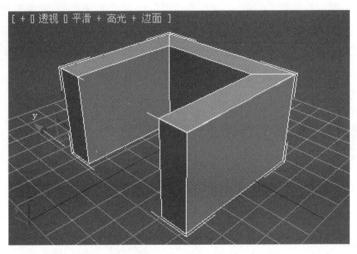

图 3-70　创建 C-Ext 效果

课后任务：创建简单木桌模型

（1）在顶视图创建一个长方体作为桌子面板，设置长度、宽度、高度分别为 1600mm、700mm、80mm。如图 3-71 所示。

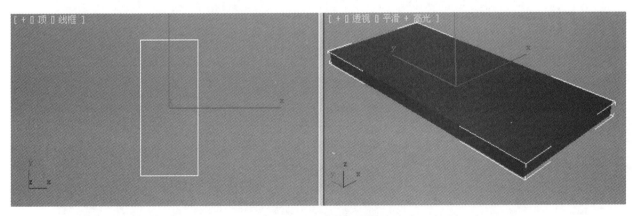

图 3-71　创建桌子面板

（2）在顶视图创建一个长方体作为桌子腿，设置长度、宽度、高度分别为 80mm、80mm、-670mm。如图 3-72 所示。

图 3-72　创建桌子腿

（3）开启 2.5 维自动捕捉按钮，设置捕捉方式为"顶点"，在顶视图沿 X 轴、Y 轴方向移动桌腿将桌腿与桌角对齐，如图 3-73 所示。

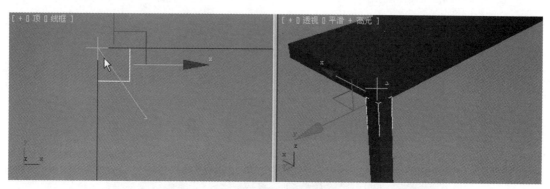

图 3-73　对齐桌子腿

（4）复制并捕捉对齐其他 4 条桌子腿，如图 3-74 所示。

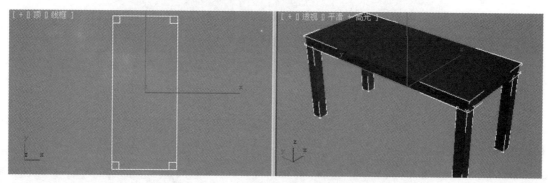

图 3-74　复制桌子腿

（5）在顶视图捕捉两条桌子腿的点创建长方体，调整长方体的长、宽、高分别为 50mm、540mm（捕捉值）、-50mm，作为桌子横梁，如图 3-75 所示。

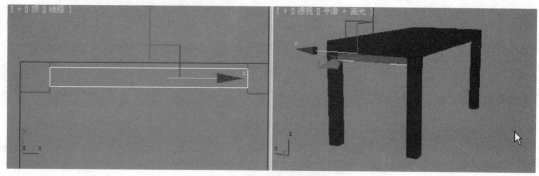

图 3-75　创建横梁

（6）在移动工具按钮单击右键，在弹出的"移动变换输入"面板中的"偏移：世界"栏内输入Z轴移动数值 -500mm，如图 3-76 所示。

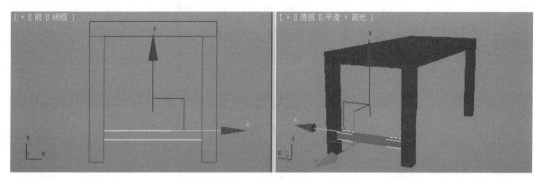

图 3-76　移动横梁

（7）激活中点捕捉对齐方式，在顶视图移动复制横梁到如图 3-77 所示位置。

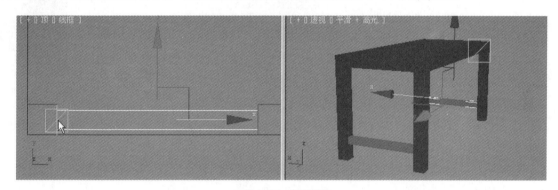

图 3-77　复制横梁

（8）同样方法创建桌子的另外 2 条横梁，如图 3-78 所示。

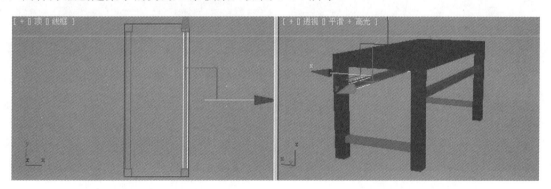

图 3-78　创建其他横梁

（9）选中所有桌子结构对象，指定接近木色的同一的颜色，如图 3-79 所示。

（10）可以适当调整桌子结构，创造出不同风格的桌子造型，如图 3-80 所示。

图 3-79　简易木桌

图 3-80　现代简约风格木桌

第4章
创建二维图形

4.1 创建样条线

4.1.1 创建标准样条线

打开 3ds max 2011 的"创建"命令面板下的"图形"创建面板，可以看到 3ds max 2011 为用户内置的 11 种图形创建工具，如图 4-1 所示，包括线、矩形、圆、椭圆、弧、圆环、多边形、星形、文本、螺旋线和截面。接下来讲解这些图形的创建方法。

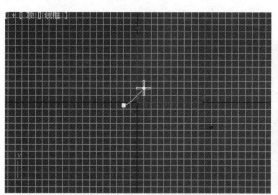

图 4-1 "图形"面板

1. 创建"线"

单击"线"按钮，在视图中单击鼠标左键确定起点，如图 4-2 所示。在视图中移动光标到任意位置并单击增加线上的点，如图 4-3 所示。如果在单击的同时拖动光标，则可使两点间的线段呈曲线显示，如图 4-4 所示。单击鼠标右键完成样条线的创建。当"线"的起点和终点重合时，系统会出现"是否闭合样条线"提示。线常用来作为辅助生成三维对象的路径、截面等。

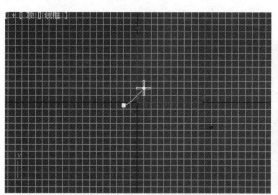

图 4-2 确定线的起点

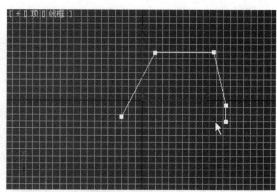

图 4-3 增加线上的点

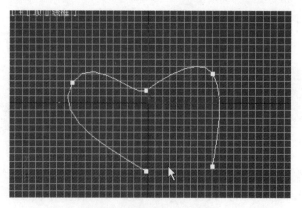

图 4-4 增加线上的曲线点

2. 创建"矩形"

选择"矩形"按钮，在视图中单击并按住鼠标左键不放拖动光标，确定矩形的一个对角点，如图4-5所示。继续拖动光标到视图的任意位置释放鼠标，确定矩形的另一个对角点，如图4-6所示。确定了矩形的两个对角点就确定了矩形的长和宽。矩形创建完成后，可以通过修改命令面板的矩形"参数"卷展栏对它的长度和宽度进行精确设置，通过设置"参数"栏中的"角半径"数值，可以控制矩形的角点光滑度，如图4-7所示。

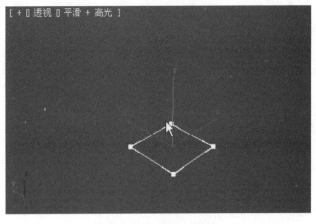

图4-5　确定矩形对角点

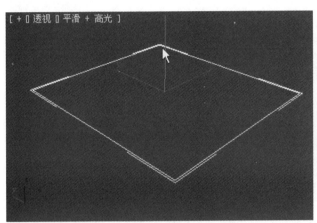

图4-6　确定矩形另一个对角点

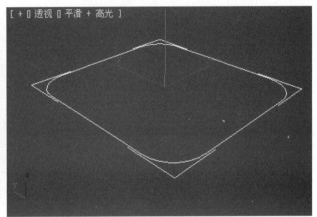

图4-7　矩形"角半径"效果

3. 创建"圆"

选择"圆"按钮，在视图中单击鼠标左键确定圆的中心，按住鼠标左键不放向任意方向拖动光标确定圆的半径，释放鼠标完成"圆"的创建。

4. 创建"椭圆"

选择"椭圆"按钮，在视图中拖动光标确定椭圆的长度，向长度垂直的坐标方向移动光标确定椭圆的宽度，释放鼠标完成"椭圆"的创建。

5. 创建"圆环"

选择"圆环"按钮，在视图中拖动光标到任意位置，释放鼠标后确定圆环上第一个圆的半径，移动光标并单击确定圆环上第二个圆的半径，完成"圆环"的创建。

6. 创建"弧"

选择"弧"按钮，在视图中单击并按住鼠标左键不放，以确定弧的起点，如图4-8所示。移动鼠标光标并单击确定弧的终点，如图4-9所示。继续移动光标并单击，确定弧半径，如图4-10所示。完成"弧"的创建。

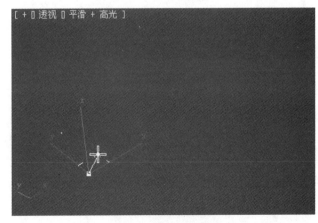

图4-8　确定弧的起点

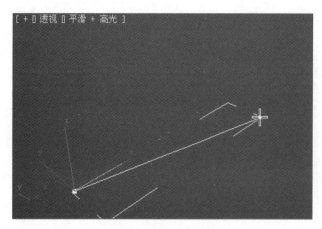

图 4-9 确定弧的终点

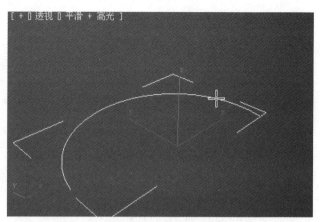

图 4-10 确定弧的半径

7. 创建"多边形"

选择"多边形"按钮，在视图中单击鼠标左键确定多边形的中心，继续拖动光标到任意位置释放鼠标即可完成创建。通过多边形对应的"参数"卷展栏的调整可以改变多边形的外形。

8. 创建"星形"

选择"星形"按钮，在视图中拖动光标确定星形的一个半径，如图 4-11 所示。向内或向外移动光标并单击鼠标左键确定星形的另一个半径，如图 4-12 所示。在"参数"卷展栏中修改星形参数，可以控制星形的形状，如图 4-13 所示。

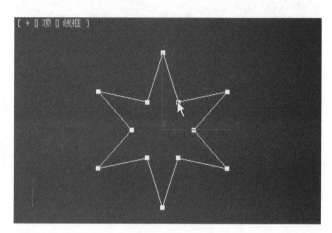

图 4-11 确定星形的一个半径

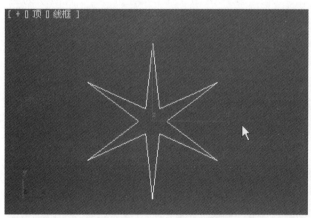

图 4-12 确定星形的另一个半径

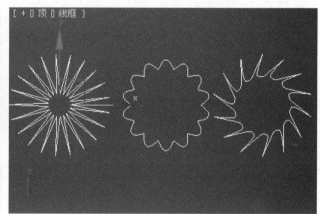

图 4-13 星形的不同形状

9. 创建"文本"

选择"文本"按钮，在右侧的"参数"卷展栏设置好文本的字体、大小、字间距、行间距，在文本框输入文本，如图 4-14 所示。在视图任意位置单击，完成文本的创建，如图 4-15 所示。创建后可以在"修改"命令面板中调出文本的"参数"卷展栏，对文本进行参数修改。

图 4-14 文本"参数"

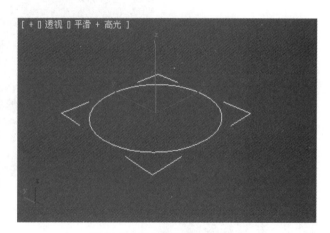

图 4-15 文本创建效果

10. 创建"螺旋线"

　　选择"螺旋线"按钮，在视图中拖动光标确定螺旋线底部的半径，如图 4-16 所示。向上或向下移动光标并单击，确定螺旋线的高度，继续向上或向下移动光标并单击鼠标左键，确定螺旋线末端的半径，完成螺旋线的创建，如图 4-17 所示。螺旋线创建完成后，可通过"参数"卷展栏对其进行修改，以精确控制其半径、高度、圈数和偏移，以及旋转方向，如图 4-18 所示为调整参数后的螺旋线。

图 4-16 确定螺旋线底面半径

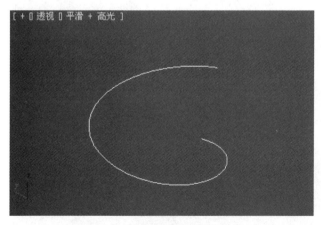

图 4-17 确定螺旋线高度和末端半径

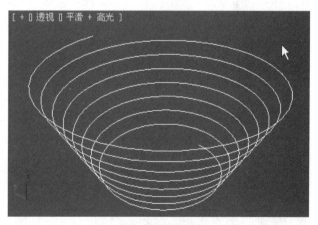

图 4-18 调整参数后的螺旋线

11. 创建"截面"

　　"截面"工具不能单独创建图形，要有其他三维对象的辅助。首先创建一个三维物体，这里建立一个环形结，如图 4-19 所示。选择"截面"按钮，在视图中拖动光标建立界面，使截面与环形结相交，这时环形结与截面相交的地方出现黄色的线，如图 4-20 所示。进入"修改"命令面板，单击"截面参数"卷展栏中的"创建图形"按钮，打开"命名截面图形"对话框，在对话框中输入截面的名称。然后单击"确定"按钮。删除环形结和截面对象后，观察发现创建的二维图形如图 4-21 所示。

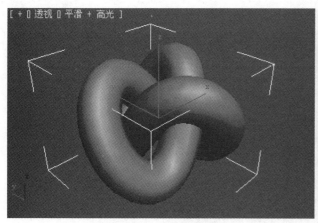

图 4-19　创建环形结

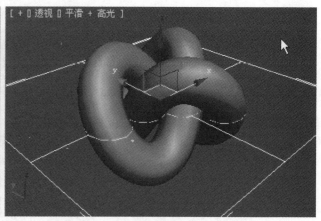

图 4-20　截面对象与环形结相交

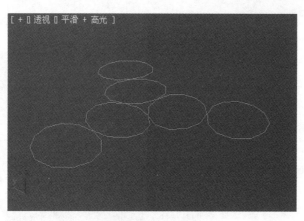

图 4-21　创建的截面

4.1.2　扩展样条线

3ds max 2011 为用户提供了 5 种扩展样条线，如图 4-22 所示为 5 种扩展样条线的按钮，分别是"墙矩形"、"通道"、"角度"、"T 形"和"宽法兰"。它们为快速建立墙体等三维对象提供便利条件，如图 4-23 ～图 4-27 所示为 5 种扩展样条线的创建完成效果。

图 4-22　扩展样条线按钮

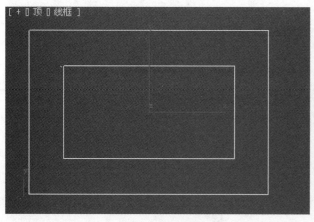

图 4-23　墙矩形

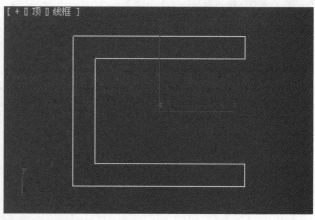

图 4-24　通道

建筑装饰

3ds max

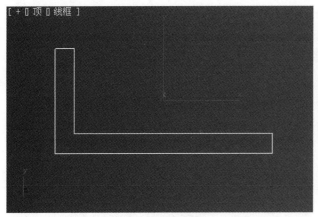

图 4-25 角度　　　　　　　　　　　　图 4-26 T形

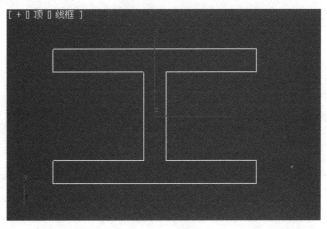

图 4-27 宽法兰

4.2 样条线的编辑

4.2.1 样条线的组成元素及转换

样条线是由点、线段组成。在样条线类型中，只有"线"直接具有可编辑的点、线段、样条线子对象。其他样条线要经过转换才能具有这一属性。

创建任意样条线，这里创建一个星形图形对象。在视图中将鼠标光标移到被选择的星形图形上单击鼠标右键，在弹出的快捷菜单中选择"转换为／可编辑样条线"命令，如图4-28所示。通过这种方法可以将样条线转换为可编辑状态。如图4-29所示为星形经过转换后已经具有子对象属性。在右侧的"选择"卷展栏中单击激活"点"按钮" "，同时勾选"显示"

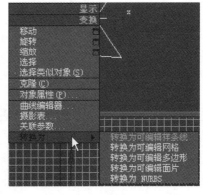

图 4-28 选择样条线转换

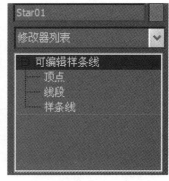

图 4-29 星形的子对象

栏中的"显示顶点编号"复选框，视图中的星形顶点被激活呈黄色显示并且被编号，如图4-30所示。

通过图4-30可以清晰地看到，样条线是由点以及两点之间的线段组成。点、线段、样条线是组成可编辑样条线的子对象。要编辑子对象,首先要在"修改堆栈"列表框中激活相应子对象,或在"选择"卷展栏中单击相应按钮。可编辑样条线在选择状态下,分别按1键、2键、3键可以快速进入点、线段、样条线的编辑状态。子对象被选择时呈红色显示,如图4-31～图4-33所示为不同子对象的选择状态。

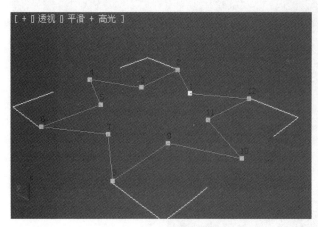

图4-30 激活星形的"点"

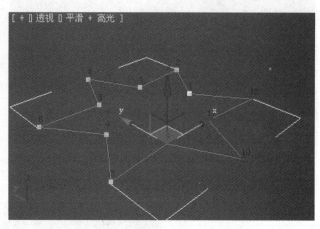

图4-31 选择点

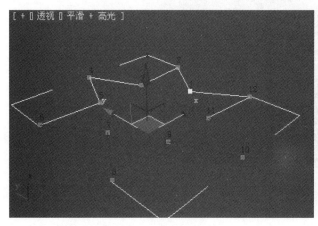

图4-32 选择线段

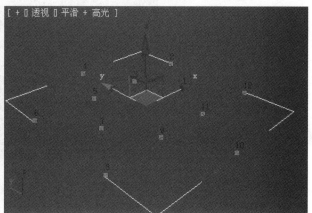

图4-33 选择样条线

4.2.2 点的编辑

编辑顶点之前首先在"修改堆栈"中激活样条线的"顶点"子物体层级,或在"选择"卷展栏中单击顶点按钮"⬚",如图4-34所示。

1. 点的属性

建立一条样条线,在视图中选择样条线的一个顶点子对象单击鼠标右键,弹出的快捷菜单中显示出点的4种属性,分别是Bezier角点(贝塞尔角点)、Bezier(贝塞尔点)、角点和平滑,如图4-35所示。

Bezier角点:顶点两端有两个手柄,两个手柄之间不相互影响,调整任意一个手柄都可改变曲线的弯曲,如图4-36所示。

Bezier:顶点两端有两个手柄,调整一个手柄,另一个手柄也会跟着发生变化,顶点两端的线段始终保持平滑,如图4-37所示。

图4-34 激活顶点

图4-35 点的属性

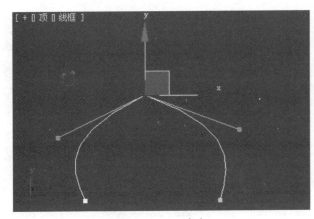

图 4-36　Bezier 角点

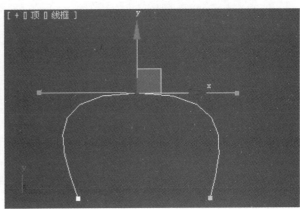

图 4-37　Bezier

角点：顶点两端的线段呈现尖锐角度，没有任何平滑，如图 4-38 所示。

平滑：顶点两端的线段会自动以平滑显示，如图 4-39 所示。

要改变顶点的属性，只要在右键快捷菜单中选择其他属性即可。

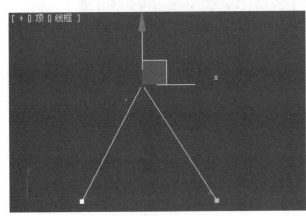

图 4-38　角点

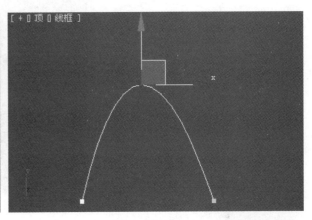

图 4-39　平滑

2. 点的加减

在样条线顶点子对象选择状态下，单击"几何体"卷展栏中的"优化"按钮，如图 4-40 所示。移动光标到样条线上要添加顶点的位置处，如图 4-41 所示。单击鼠标左键即可完成顶点添加，如图 4-42 所示。

图 4-40　选择优化按钮

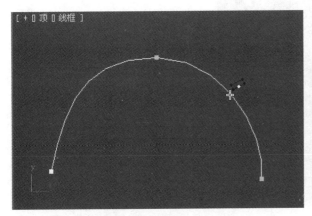

图 4-41　确定添加顶点位置

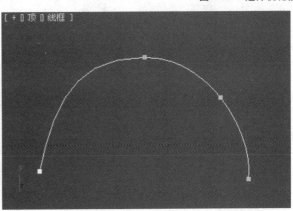

图 4-42　完成顶点添加

要删除样条线的顶点子对象，只要选择要删除的顶点，单击 Delete 键即可。

3. 点的断开

选择要断开的顶点，如图 4-43 所示，单击"几何体"卷展栏中的"断开"按钮，如图 4-44 所示。断开后生成了一个新的顶点与原来的顶点分离开，如图 4-45 所示。

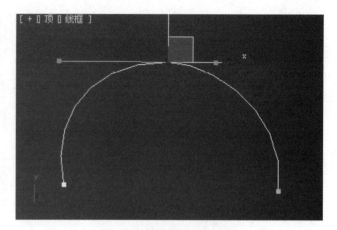

图 4-43　选择要断开的顶点

图 4-44　点击断开按钮

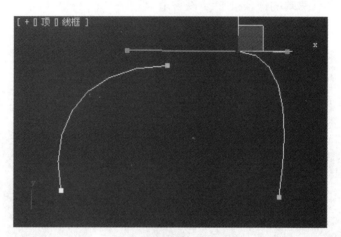

图 4-45　断开后效果

4. 点的焊接

选择要焊接的顶点，如图 4-46 所示。单击"几何体"卷展栏中的"焊接"按钮，如图 4-47 所示。完成焊接后的顶点如图 4-48 所示。焊接后被焊接的两个顶点合并为一个顶点。"焊接"按钮右侧数值框中设置的数值，控制焊接距离。单击"焊接"按钮后，如果没有完成焊接，可在该数值框中输入超过两点间距的数值再单击"焊接"按钮。

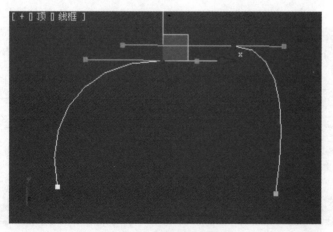

图 4-46　选择要焊接的顶点

图 4-47　点击焊接按钮

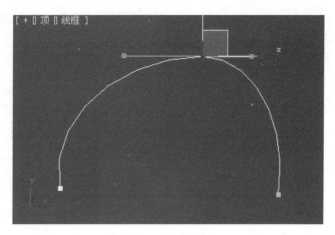

图 4-48　焊接后效果

5. 点的连接

图 4-49　单击"连接"按钮

单击"几何体"卷展栏中的"连接"按钮，如图 4-49 所示。光标从一个顶点拖动到另一个要连接到一起的顶点，如图 4-50 所示。连接后在两个顶点之间生成一条新的线段，如图 4-51 所示。

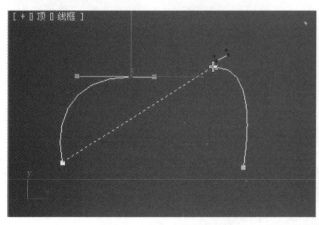

图 4-50　连接两个顶点

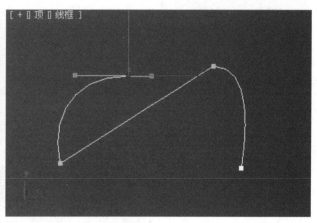

图 4-51　两个顶点被连接

6. 点的圆角与切角

图 4-52　单击"圆角"按钮

选择要进行圆角处理位置所在的顶点，单击"几何体"卷展栏中的"圆角"按钮，如图 4-52 所示。移动光标到被选择的顶点处单击鼠标左键并拖动即可，如图 4-53 所示为顶点的圆角效果。

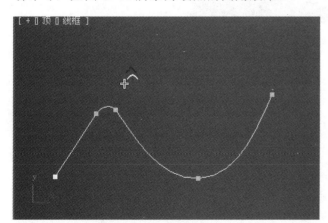

图 4-53　圆角效果

选择要进行切角处理位置所在的顶点，单击"几何体"卷展栏中的"切角"按钮，移动光标到被选择的顶点处单击鼠标左键并拖动即可，如图4-54所示为顶点的切角效果。

"圆角"和"切角"右侧的数值框中可以输入数值控制精确的处理。

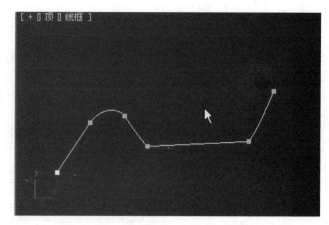

图 4-54　切角效果

4.2.3　样条线子对象的编辑

1. 添加轮廓

建立一条样条线，在"修改堆栈"列表框中激活样条线子对象，或者单击"选择"卷展栏中的"样条线"按钮""，如图4-55所示。在视图中选择要添加轮廓的样条线子对象，在"几何体"卷展栏中选择"轮廓"按钮，如图4-56所示。移动光标到样条线子对象上，然后按住鼠标左键拖动，添加轮廓后的效果如图4-57所示。"轮廓"按钮右侧的数值框可以精确控制轮廓的大小。

图 4-55　激活样条线子对象　　图 4-56　选择轮廓按钮

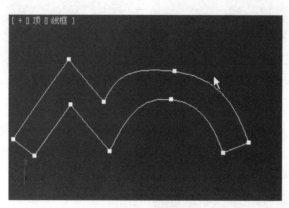

图 4-57　添加轮廓效果

2. 样条线的布尔运算

布尔运算是两条或两条以上的样条线子对象进行的运算。要进行布尔运算首先要保证进行运算的两条样条线子对象是同一条样条线的子对象。

在视图中创建一个圆形，去掉"图形"创建命令面板中"对象类型"卷展栏中的"开始新图形"的勾选，如图4-58所示。在视图中创建一个与圆形相交的星形，如图4-59所示。激活样条线子对象，选择其中一条样条线，这里选择圆形，如图4-60所示。单击"几何体"卷展栏中的"布尔"按钮，点击"差集"按钮"●"。在视图中单击星形样条线子对象，布尔运算后的效果如图4-61所示。图4-62和图4-63所示分别为"并集"和"交集"效果。

图 4-58　去掉"开始新图形"勾选

图 4-59　创建相交的样条线

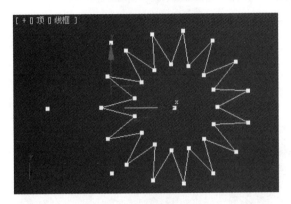

图 4-60　选择样条线子对象

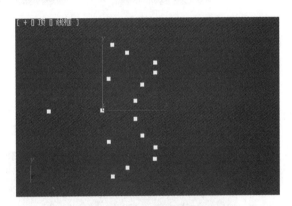

图 4-61　"差集"效果

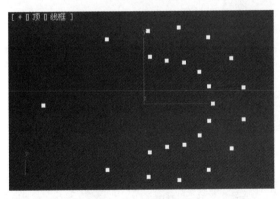

图 4-62　"并集"效果

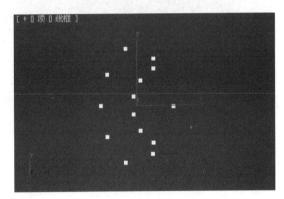

图 4-63　"交集"效果

3. 样条线的修剪

　　要修剪样条线首先要保证进行运算的两条样条线子对象是同一条样条线的子对象，并且它们必须有重叠，如图4-64所示。激活样条线子对象，单击"几何体"卷展栏中的"修剪"按钮，如图4-65所示。移动光标到将要执行修剪操作的样条线重叠部分上，单击鼠标左键剪掉该处样条线。图4-66所示为继续修剪后的效果。

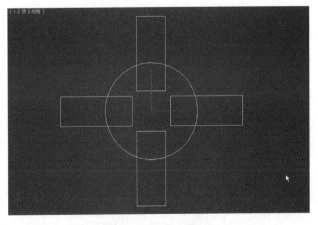

图 4-64　"修剪"操作前

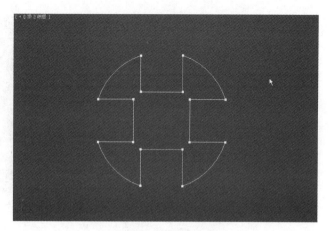

图 4-65 选择"修剪"命令　　　　　　　　　　　图 4-66 "修剪"后效果

4.3 样条线的优化

所有样条线都可以通过优化设置来控制其平滑程度。选择一条样条线，如图 4-67 所示。增加"插值"卷展栏中"步数"数值框的数值，如图 4-68 所示，样条线变得更加平滑，如图 4-69 所示。

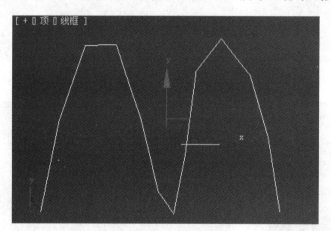

图 4-67 选择样条线

图 4-68 选择"修剪"命令

（1）"步数"：控制线段的细分数量，数值越大线条越精细。

（2）"优化"复选框：从样条线的直线线段中删除不需要的步长，默认为选择状态。

（3）"自适应"复选框：系统自动设置样条线的步数，使样条线自动平滑。

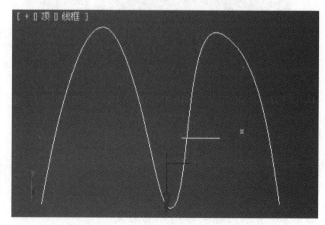

图 4-69 "修剪"后效果

4.4 样条线的渲染

样条线在默认状态下是二维图形，没有厚度，但是可以通过设置使它具备可渲染的三维属性。

选择样条线，如图 4-70 所示。打开"渲染"卷展栏，如图 4-71 所示。勾选"在视图中启用"复选框后，样条线在视图中以三维模式显示，如图 4-72 所示。

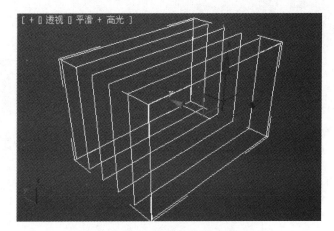

图 4-70　样条线默认显示状态

图 4-71　"渲染"卷展栏

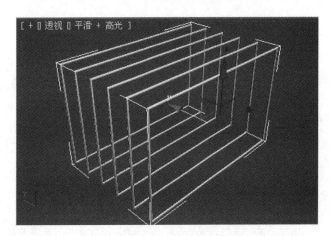

图 4-72　样条线在视图中三维模式显示

（1）"在渲染中启用"复选框：样条线在视图中以线条显示，在渲染后则呈三维模式显示，如图 4-73 所示为视图渲染后的效果。

（2）"在视图中启用"复选框：样条线在视图中呈三维物体显示。

（3）"径向"按钮：被渲染出的样条线截面呈圆形显示。其中"厚度"数值框用于控制圆形的半径；"边"数值框用来控制样条线增加厚度后生成表面的边数，如图 4-74 所示为边数值为 3 时的效果；"角度"数值用来控制圆形横截面的旋转角度。

（4）"矩形"按钮：样条线截面呈矩形显示，其中"长度"和"宽度"数值用来控制矩形截面的长度和宽度；"角度"数值框用来控制矩形横截面的旋转角度，当该值为 45°时，效果如图 4-75 所示。

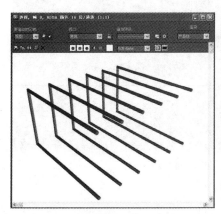

图 4-73　"在渲染中启用"效果

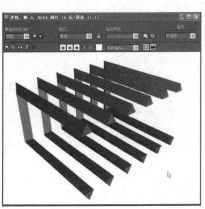

图 4-74　边数值为 3 时的效果

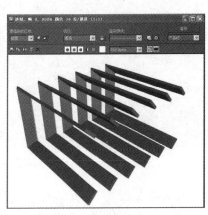

图 4-75　矩形截面 45°效果

课后任务：用样条线绘制苹果、花瓶轮廓

（1）利用样条线绘制心形轮廓：

1）选择"直线"工具，在视图中单击鼠标左键确定样条线起点，如图 4-76 所示。

2）移动光标到如图 4-77 所示位置，单击鼠标左键并拖动光标创建 Bezier 点。

3）移动光标到如图 4-78 所示位置，单击鼠标左键，创建角点。

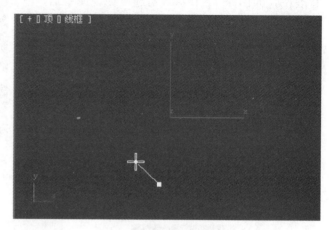

图 4-76　确定样条线起点

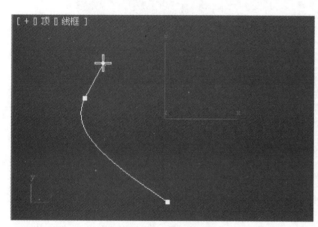

图 4-77　建立 Bezier 点

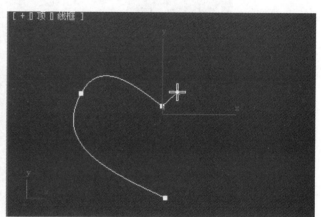

图 4-78　建立角点

4）继续移动光标到如图 4-79 所示位置，单击并拖动光标创建 Bezier 点。

5）移动光标到样条线起点单击鼠标左键，在弹出的"是否闭合样条线"提示框中选择"是"按钮，完成轮廓绘制，如图 4-80 所示。

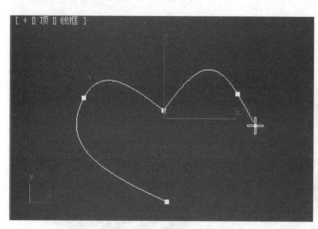

图 4-79　建立 Bezier 点

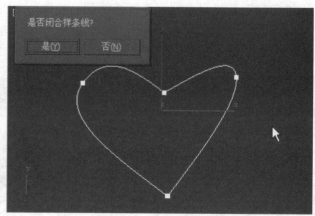

图 4-80　闭合曲线

6）将如图 4-81 所示的角点转换为 Bezier 角点。

7）调节各顶点后效果如图 4-82 所示。

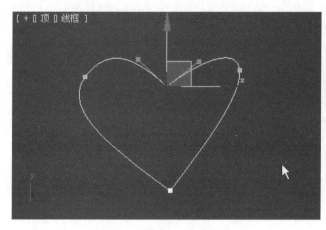

图 4-81　变换顶点属性

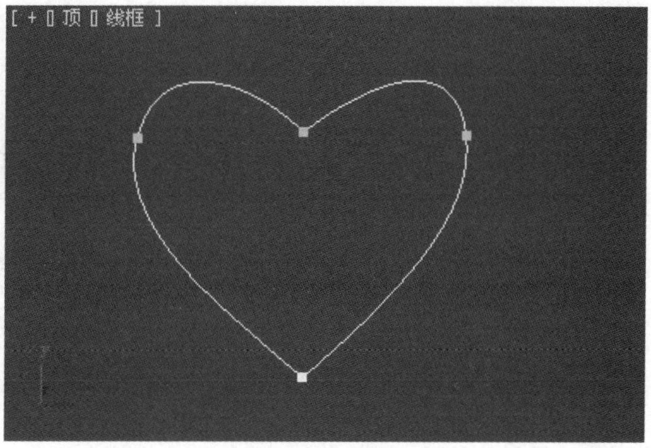

图 4-82　顶点调整后效果

（2）使用同样方法，利用样条线绘制苹果轮廓，如图 4-83 所示；绘制花瓶轮廓，如图 4-84 所示。

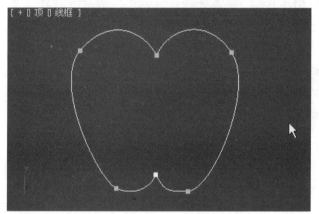

图 4-83　苹果轮廓线

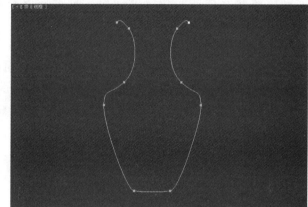

图 4-84　花瓶轮廓线

第5章
二维图形转换成三维模型

5.1 修改器

3ds max 2011 的修改器功能非常强大，利用修改器可以快速高效地建立和改变模型。每个修改器都相当于一个集成在 3ds max 2011 系统中的修改程序。选择要应用修改器的二维或三维对象，选择菜单栏中的"修改器"菜单，如图 5-1 所示，或者单击"修改"命令面板的"修改器列表"，如图 5-2 所示，我们就能调用相应的修改器。

修改器分为二维修改器和三维修改器，二维修改器只对二维图形有效，三维修改器只对几何体起作用。

图 5-1　修改器菜单　　　图 5-2　修改器列表

5.1.1 挤出修改器

挤出修改器属于二维修改器，它能够使二维图形沿挤出方向产生厚度，从而转换为三维对象。

选择要应用修改器的样条线，如图 5-3 所示。单击"修改"命令面板的"修改器列表"打开修改器下拉列表，选择列表中的"挤出"命令，如图 5-4 所示。在如图 5-5 所示的"参数"卷展栏中调整参数后，挤出效果如图 5-6 所示。

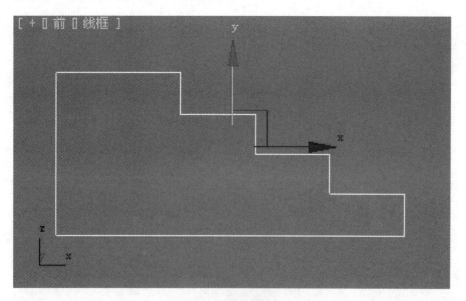 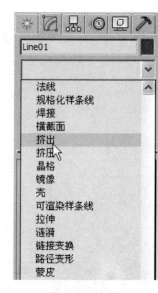

图 5-3　样条线挤出前　　　　　　　　　　　图 5-4　"挤出"

图 5-5 "参数"

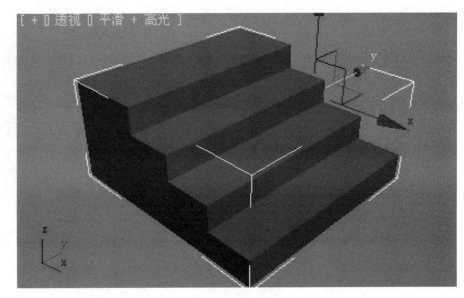

图 5-6 挤出后效果

（1）"数量"：控制挤出厚度。

（2）"分段"：挤出厚度方向上的分段数。

（3）"封口"：其中的 2 个复选框控制挤出物体的始端和末端是否封口。

闭合样条线挤出后可以生成实体三维模型，有始端和末端的封口属性；非闭合样条线挤出后生成单面不封闭三维对象。

5.1.2 车削修改器

车削修改器也属于二维修改器，就是将样条线沿指定轴向旋转一定的度数，将二维图形转换成三维物体。

在前视图绘制样条线如图 5-7 所示。点击"修改"命令面板的"修改器列表"，打开修改器下拉列表，选择列表中的"车削"命令，如图 5-8 所示。在如图 5-9 所示"参数"卷展栏中调整参数后，车削效果如图 5-10 所示。

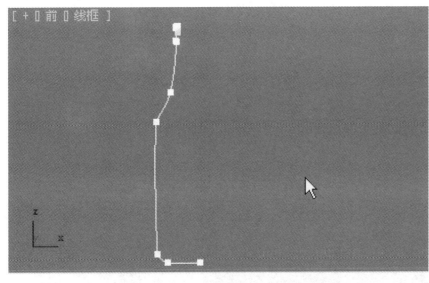

图 5-7 样条线车削前

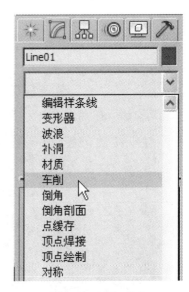

图 5-8 "车削"命令

图 5-9 "参数"卷展栏

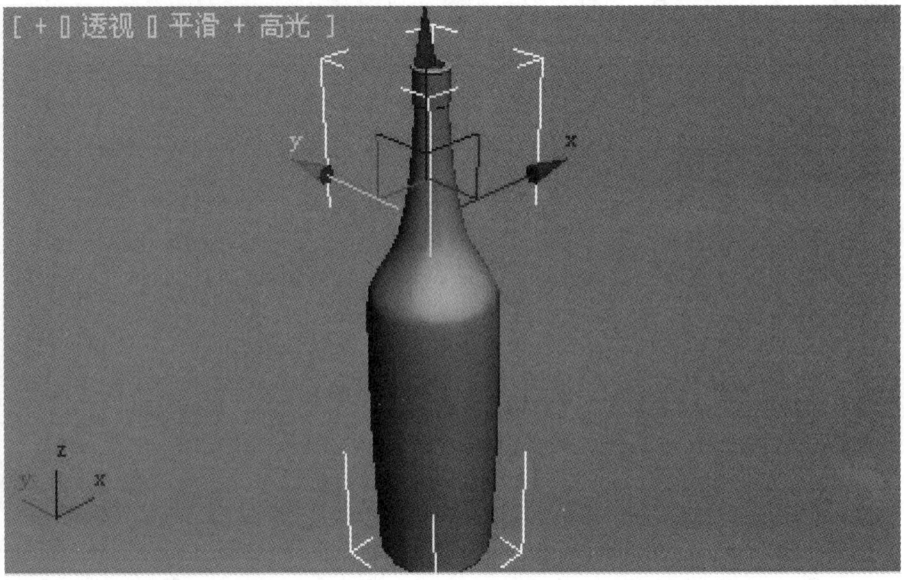

图 5-10 车削后效果

（1）"度数"：用来控制样条线旋转的度数。

（2）"焊接内核"复选框：系统自动将旋转轴中的顶点进行焊接来简化网格。

（3）"法线翻转"：修正由于二维图形上顶点的方向和旋转方向产生的内部外翻错误。

（4）"分段"：用来控制车削生成的三维物体表面上的分段数量。

（5）"方向"：用来控制样条线旋转时所绕的轴向。

（6）"对齐"：用来控制物体内部的对齐方式。

选择车削生成的物体，按 1 键或在"修改堆栈"中展开车削修改器并选择"轴"子对象，这时可在视图中拖动旋转轴来控制图形旋转的半径。

5.1.3 倒角修改器

倒角修改器能够使二维图形沿挤出方向产生厚度以后，再在厚度边缘产生倒角。

创建二维图形，如图 5-11 所示，单击"修改"命令面板的"修改器列表"，打开修改器下拉列表，选择列表中的"倒角"命令，如图 5-12 所示。在如图 5-13 所示"参数"卷展栏中调整参数后，倒角效果如图 5-14 所示。

图 5-11 样条线倒角前

图 5-12 "倒角"命令

倒角值
起始轮廓: 0.0mm
级别 1:
高度: 1.5mm
轮廓: 1.4mm
☑ 级别 2:
高度: 4.0mm
轮廓: 0.0mm
☑ 级别 3:
高度: 2.5mm
轮廓: -2.0mm

图 5-13 "参数"卷展栏   图 5-14 倒角后效果

（1）"起始轮廓"：该数值框用来控制样条线的起始处的偏移距离。

（2）"级别 1"：该栏中的"高度"数值框用来控制样条线第 1 次挤出的数量；"轮廓"数值框用来控制挤出结束面的倒角程度。

（3）"级别 2"和"级别 3"：分别用来控制样条线第 2 次或第 3 次挤出的数量和倒角程度。

5.2 放样

术语"放样"源自早期的造船业。称为阁楼的大框架构建用于放置已组装好的船只外壳。将船体肋材（横截面）放置到阁楼的过程称为放样。

放样是创建 3D 对象最重要的方法之一。可以创建作为路径的图形对象以及任意数量的横截面图形。该路径可以成为一个框架，用于保留形成放样对象的横截面。放样的工作原理如图 5-15 所示。

放样的参数控制区包括 4 个卷展栏，如图 5-16 所示，分别是"创建方法"、"曲面参数"、"路径参数"和"蒙皮参数"。

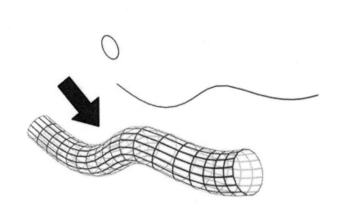

图 5-15 放样工作原理

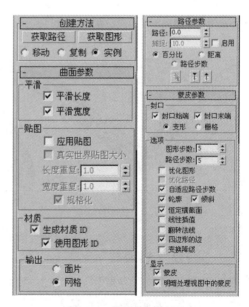

图 5-16 放样参数控制区

5.2.1 "创建方法"卷展栏

在图形或路径之间选择，用于使用"创建方法"卷展栏创建放样对象以及放样对象的操作类型。

（1）"获取路径"按钮：将路径指定给选定图形或更改当前指定的路径。

（2）"获取图形"按钮：将图形指定给选定路径或更改当前指定的图形。

（3）"移动／复制／实例"单选按钮：用于指定路径或图形转换为放样对象的方式。

1）移动：路径或截面图形移动到放样物体上，这种情况下不保留路径或截面的副本。

2）复制：路径或截面图形转换为副本，通过副本生成放样物体，副本与原对象无关，修改原路径或图形对象时，不会对放样对象产生影响。

3）实例：路径或截面图形转换为副本，通过副本生成放样物体，副本与原对象相互关联，修改原路径或图形对象时，会同时改变放样物体。

5.2.2 "曲面参数"卷展栏

可以控制放样曲面的平滑以及指定是否沿着放样对象应用纹理贴图。

1．"平滑"组

（1）平滑长度：沿着路径的长度提供平滑曲面。当路径曲线或路径上的图形更改大小时，这类平滑非常有用。默认设置为启用。

（2）平滑宽度：围绕横截面图形的周界提供平滑曲面。当图形更改顶点数或更改外形时，这类平滑非常有用。默认设置为启用。

2．"贴图"组

（1）应用贴图：启用或禁用放样贴图坐标。必须启用"应用贴图"才能访问其余的项目。

（2）真实世界贴图大小：控制应用于该对象的纹理贴图材质所使用的缩放方法。

（3）长度重复：设置沿着路径的长度重复贴图的次数。贴图的底部放置在路径的第一个顶点处。

（4）宽度重复：设置围绕横截面图形的周界重复贴图的次数。贴图的左边缘将与每个图形的第一个顶点对齐。

（5）规格化：决定在路径长度和图形宽度之间如何影响贴图。启用该选项后，将忽略顶点。将沿着路径长度并围绕图形平均应用贴图坐标和重复值。如果禁用该选项后，主要路径划分和图形顶点间距将影响贴图坐标间距，将按照路径划分间距或图形顶点间距成比例应用贴图坐标和重复值。如图5-17所示为应用"规格化"前后的效果对比。

图5-17 应用"规格化"前后的贴图纹理

5.2.3 "路径"卷展栏

使用"路径参数"卷展栏可以控制沿着放样对象路径在各个间隔期间的图形位置。

（1）"路径"数值框：通过输入值或拖动微调器来设置路径上插入截面的关键点。如果"捕捉"处于启用状态，该值将变为上一个捕捉的增量。

（2）"捕捉"数值框：用于设置沿着路径图形之间的恒定距离。

（3）"启用"复选框：控制启用或禁用捕捉。

（4）"百分比"：将路径关键点的位置表示为路径总长度的百分比。

（5）"距离"：将路径关键点的位置表示为路径第一个顶点的绝对距离。

5.2.4 "蒙皮参数"卷展栏

1."封口"组

（1）"封口始端"/"封口末端"：控制放样端为封口或打开状态。如图 5-18 和图 5-19 所示分别为禁用封口和启用封口状态。

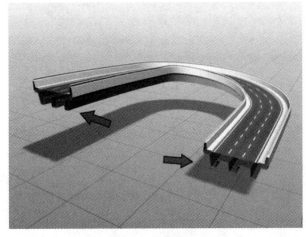

图 5-18 禁用封口

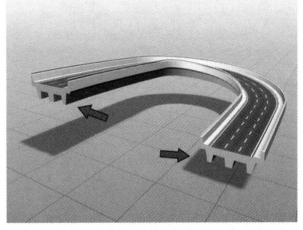

图 5-19 启用封口

（2）"变形"：按照创建变形目标所需的可预见且可重复的模式排列封口面。变形封口能产生细长的面，与那些采用栅格封口创建的面一样，这些面也不进行渲染或变形。

（3）"栅格"：在图形边界处修剪的矩形栅格中排列封口面。此方法将产生一个由大小均等的面构成的表面，这些面可以被其他修改器很容易地变形。

2."选项"组

（1）"图形步数"：设置横截面图形的每个顶点之间的步数。该值会影响围绕放样周界的边的数目。如图 5-20 所示为图形步数为 0 和 4 时的效果。

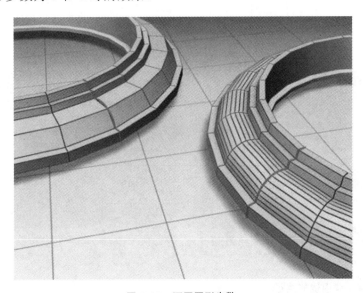

图 5-20 不同图形步数

（2）"路径步数"：设置路径的每个主分段之间的步数。该值会影响沿放样长度方向的分段的数目。如图 5-21 和图 5-22 所示分别为路径步数为 1 和 5 时的效果。

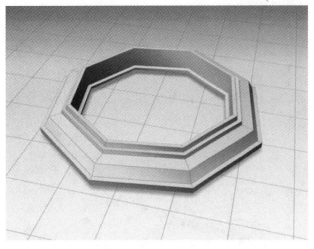

图 5-21　路径步数为 1 的效果

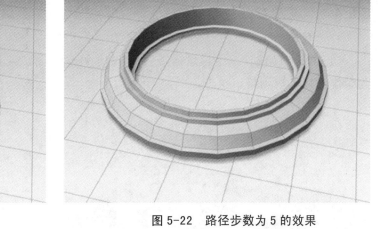

图 5-22　路径步数为 5 的效果

（3）"优化图形"：如果启用，则对于横截面图形的直分段，忽略"图形步数"。如果路径上有多个图形，则只优化在所有图形上都匹配的直分段。如图 5-23 所示为启用和禁用"优化图形"效果。

（4）"优化路径"：如果启用，则对于路径的直分段，忽略"路径步数"。"路径步数"设置仅适用于弯曲截面。仅在"路径步数"模式下才可用。如图 5-24 和图 5-25 所示分别为禁用和启用该设置的情况。

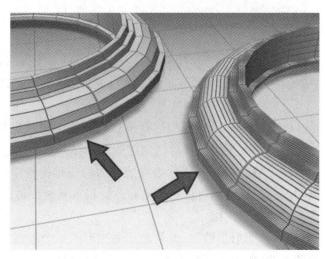

图 5-23　优化图形

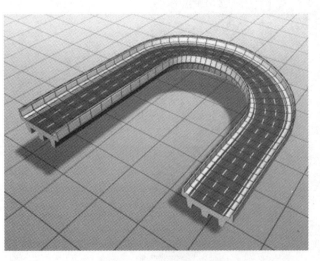

图 5-24　禁用优化路径

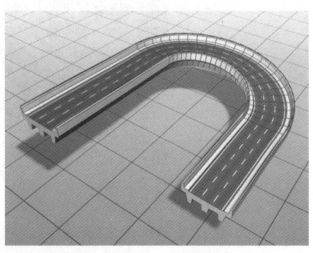

图 5-25　启用优化路径

（5）"轮廓"：如果启用，则每个图形都将遵循路径的曲率，每个图形的正 Z 轴与形状层级中路径的切线对齐，如图 5-26 所示；如果禁用，则图形保持平行，如图 5-27 所示。

图 5-26　启用轮廓

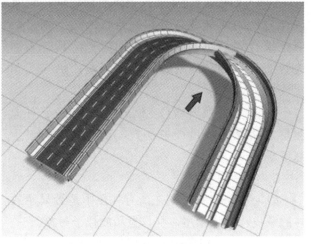

图 5-27　禁用轮廓

（6）"倾斜"：如果启用，则只要路径弯曲并改变其局部 Z 轴的高度，图形便围绕路径旋转。倾斜量由 3ds max 控制，如图 5-28 所示。如果该路径为二维则忽略倾斜。如果禁用，则图形在穿越三维路径时不会围绕其 Z 轴旋转。

（7）"恒定横截面"：如果启用，则在路径角处缩放横截面，以保持路径宽度一致，如图 5-29 所示；如果禁用，则横截面保持其原来的局部尺寸，从而使放样物体在路径角处产生收缩，如图 5-30 所示。

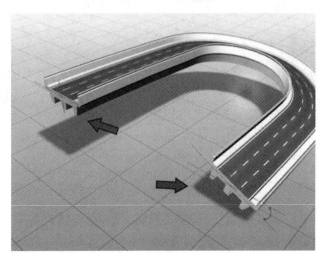

图 5-28　启用倾斜

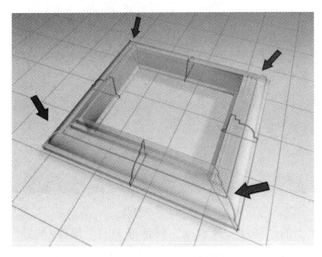

图 5-29　启用恒定横截面

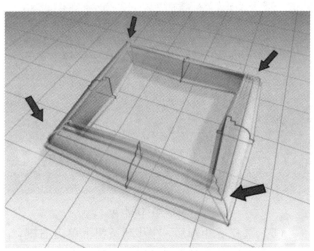

图 5-30　禁用恒定横截面

（8）"线性插值"：如果启用，则使用每个图形之间的直边生成放样蒙皮。如果禁用，则使用每个图形之间的平滑曲线生成放样蒙皮。如图 5-31 所示为禁用和启用该设置的情况。

（9）"翻转法线"：如果启用，则将法线翻转180°。可使用此选项来修正内部外翻的对象。

（10）"四边形的边"：如果启用该选项，且放样对象的两部分具有相同数目的边，则将两部分缝合到一起的面显示为四方形。具有不同边数的两部分之间的边将不受影响，仍与三角形连接。

（11）"变换降级"：使放样蒙皮在子对象图形／路径变换过程中消失，以此来提高显示速度。

3. "显示"组

（1）"蒙皮"：控制在所有视图中是否显示放样的蒙皮，如果禁用，则只显示放样子对象。

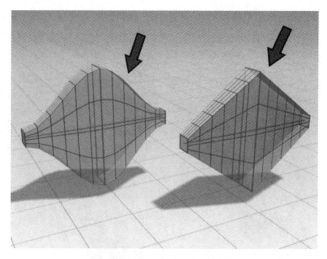

图 5-31　禁用和启用线性插值

（2）"着色视图中的蒙皮"：如果启用，则忽略"蒙皮"设置，在着色视图中显示放样的蒙皮；如果禁用，则根据"蒙皮"设置来控制蒙皮的显示。

课后任务

1. 创建带有门窗洞口的墙面

（1）设置系统单位和显示比例单位为：mm。

（2）在前视图建立 2800mm×5000mm 矩形 a，如图 5-32 所示。

（3）建立 850mm×2200mm 的矩形 b，如图 5-33 所示。

（4）利用自动捕捉工具将 a、b 两个矩形的顶点对齐，如图 5-34 所示。

图 5-32　创建矩形 a

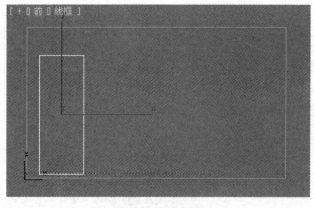

图 5-33　创建矩形 b

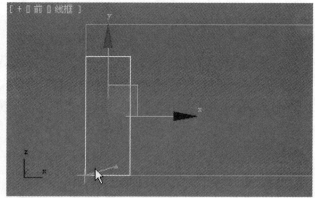

图 5-34　顶点对齐

（5）选择 b 矩形后，在移动按钮上单击右键，在弹出的"移动变换输入"对话框中的"偏移：世界"栏中输入 X 轴的移动距离 500mm，输入 Y 轴的移动距离 -100mm，按 Enter 键后 b 矩形移动到如图 5-35 所示位置。

（6）建立 1500mm×1500mm 的矩形 c，并与矩形 a 对齐，如图 5-36 所示。

（7）选择 c 矩形后，在移动按钮上单击右键，在弹出的"移动变换输入"对话框中的"偏移：世界"栏中输入 X 轴的移动距离 -500mm，输入 Y 轴的移动距离 1000mm，按 Enter 键后 c 矩形移动到如图 5-37 所示位置。

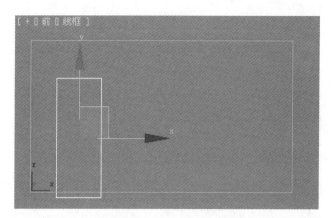

图 5-35　移动矩形 b

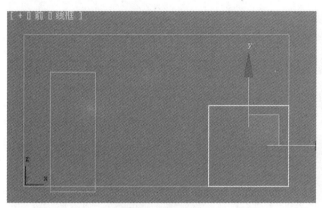

图 5-36　创建矩形 c

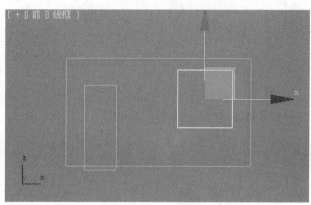

图 5-37　移动矩形 c

（8）选择任意一条样条线，这里选择矩形 a，将矩形 a 转换为可编辑样条线，在"修改"命令面板中的"几何体"卷展栏中选择"附加"按钮，在视图中单击 b 和 c 矩形，使 3 个矩形附加成一个可编辑样条线。

（9）取消"附加"按钮的选择，激活"样条线子对象"的编辑，选择"修剪"按钮将样条线修剪如图 5-38 所示。

（10）激活"点子对象"的编辑，选择如图 5-39 所示的顶点。单击"焊接"按钮，使所选择的点焊接到一起。同样方法焊接另一个修剪后重叠的顶点。

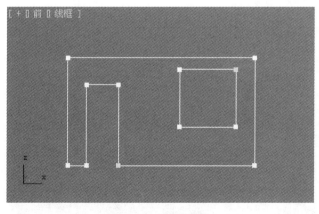

图 5-38　修剪样条线

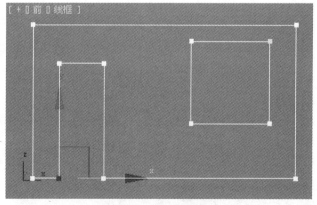

图 5-39　焊接重叠顶点

（11）在样条线选择状态下，选择"挤出"修改器，设置挤出数量为 240mm，如图 5-40 所示。

一面宽 5000mm、高 2800mm、厚 240mm 的墙面创建好了。墙面上有一个 2100mm×850mm 的门洞和一个 1500mm×1500mm、离地 1000mmm 的窗洞。

2. 创建门套和窗套

（1）捕捉门洞口的 4 个顶点创建一条样条线，如图 5-41 所示。

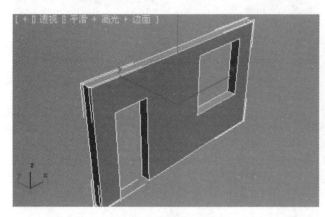

图 5-40　挤出墙面厚度

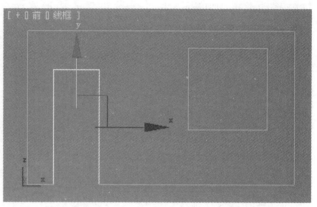

图 5-41　创建样条线

（2）激活样条线子对象为编辑状态，选择新建的样条线，如图 5-42 所示。

（3）为样条线添加"轮廓"修改，轮廓数值为 -60mm，如图 5-43 所示。

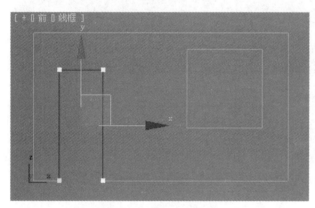

图 5-42　激活样条线子物体

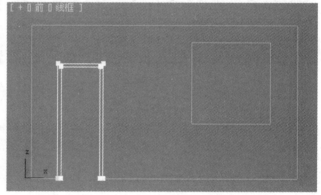

图 5-43　添加"轮廓"修改

（4）为新建轮廓线添加"挤出"修改，挤出数量为 260mm，挤出的门套厚度与墙体厚度对齐，使门套在门洞口两侧均突出 10mm，门套创建完成，如图 5-44 所示。

（5）捕捉窗洞口的 4 个顶点创建矩形，为矩形添加"轮廓"修改，轮廓数值为 60mm。为新建轮廓添加"挤出"修改，挤出数量为 100mm，窗框创建完成。将窗框安在窗洞口中间，如图 5-45 所示。

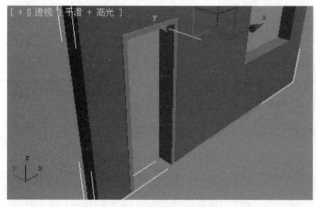

图 5-44　挤出并对齐门套

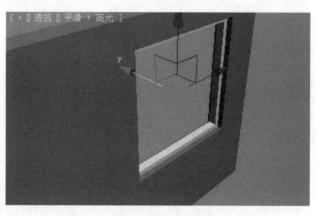

图 5-45　创建窗框

（6）利用与创建门套同样的方法创建窗套，如图 5-46 所示。

（7）在前视图创建 1700mm×40mm 的矩形，如图 5-47 所示。添加"挤出"修改后制作成窗台面，如图 5-48 所示。添加门套、窗套后的效果如图 5-49 所示。

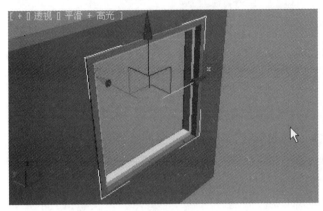

图 5-46　创建窗套

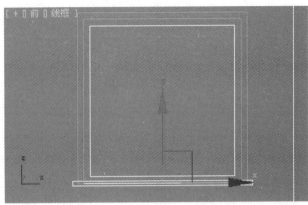

图 5-47　创建 1700mm×40mm 的矩形

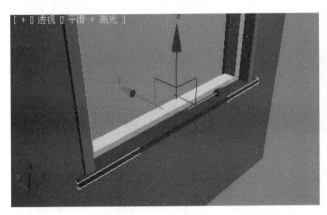

图 5-48　"挤出"窗台面

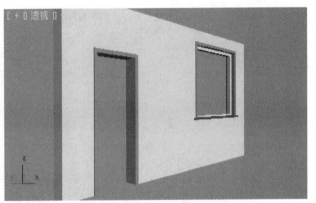

图 5-49　添加门套、窗套后的效果

3. 放样窗帘

（1）在顶视图创建一条样条线作为截面，如图 5-50 所示。在前视图创建一条样条线作为路径，如图 5-51 所示。

（2）选择路径样条线，在几何体创建命令面板的几何体类型下拉列表中选择"复合对象"，单击选择"放样"按钮，如图 5-52 所示。

（3）单击"创建方法"卷展栏中的"获取图形"按钮，如图 5-53 所示。

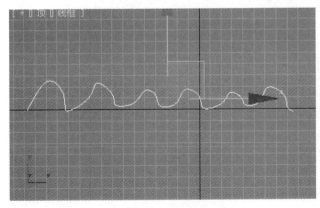

图 5-50　创建截面样条线

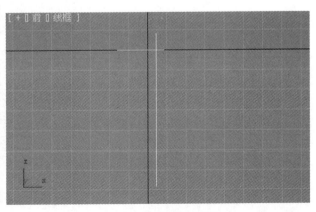

图 5-51　创建路径样条线

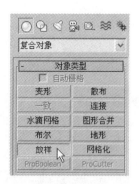
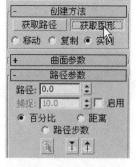

图 5-52 放样   图 5-53 获取图形

　　（4）将光标移到视图的截面样条线上，光标变成拾取图形光标，单击截面样条线，完成放样操作，如图 5-54 所示。如果放样物体表面显示黑色，是因为法线方向缘故，在"蒙皮参数"卷展栏的"选项"组内勾选"翻转法线"即可。

　　（5）打开"修改"命令面板，展开放样物体的子物体层级，激活"图形"子物体编辑状态，如图 5-55 所示。

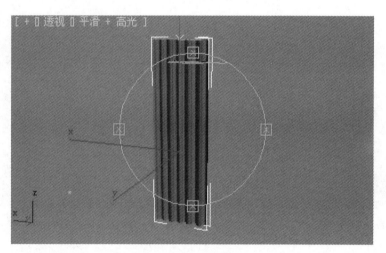
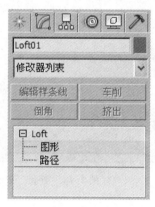

图 5-54 生成放样物体   图 5-55 激活图形

　　（6）在"图形命令"卷展栏的"对齐"组内单击"左"按钮，如图 5-56 所示，使图形与路径垂直对齐，如图 5-57 所示。

　　（7）返回放样物体层级，打开"变形"卷展栏，单击"缩放"按钮，如图 5-58 所示。在打开的"缩放变形"控制面板中将缩放变形曲线调整为如图 5-59 所示状态。

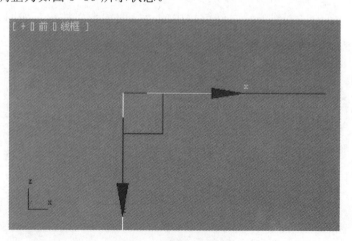

图 5-56 左对齐   图 5-57 截面与路径对齐

建筑装饰

3ds max

图 5-58　选择"缩放"

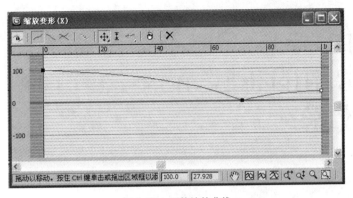

图 5-59　调整缩放曲线

（8）调整后的放样物体如图 5-60 所示，创建出了窗帘的一部分。镜像复制窗帘，效果如图 5-61 所示。经贴图后的窗帘效果如图 5-62 所示。

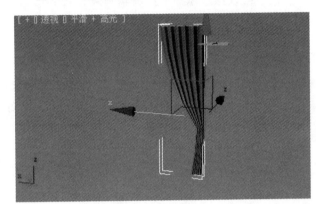

图 5-60　变形修改后

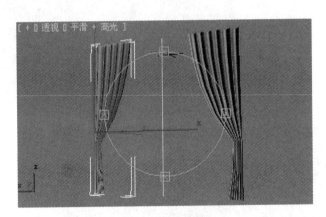

图 5-61　复制窗帘

图 5-62　贴图后的窗帘效果图

第6章
常用的3ds max 2011修改器

使用修改器可以塑形和编辑对象。它们可以更改对象的几何形状及其属性。

6.1 弯曲修改器

"弯曲"修改器允许将当前选中对象围绕单独轴弯曲360°，在对象几何体中产生均匀弯曲。可以在任意三个轴上控制弯曲的角度和方向，也可以对几何体的一段限制弯曲。

（1）选中视图中一个对象并应用"弯曲"修改器，如图6-1所示。

（2）在"参数"卷展栏上，将弯曲的轴设为X、Y或Z，如图6-2所示。这是弯曲 Gizmo 的轴而不是选中对象的轴。可以随意在轴之间切换，但是修改器只支持一个轴的设置。

（3）设置沿着选中轴弯曲的角度。对象以此角度进行弯曲，如图6-3所示。

（4）设置弯曲的方向。对象围绕轴旋转。通过将正值改为负值可以翻转角度和方向。

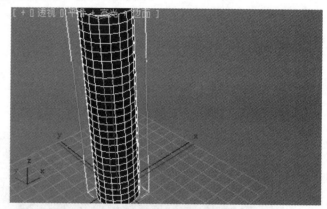

图6-1 应用"弯曲"修改器图

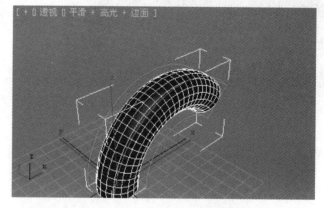

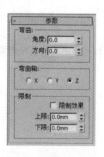

图6-2 "弯曲"参数

图6-3 应用"弯曲"修改器后效果

6.1.1 "参数"卷展栏

1."弯曲"组

（1）"角度"：从顶点平面设置要弯曲的角度。

（2）"方向"：设置弯曲相对于水平面的方向。

2."弯曲轴"组

X、Y、Z为指定要弯曲的轴。此轴位于弯曲 Gizmo 并与选择项不相关。默认设置为 Z 轴。

建筑装饰

3ds max

3."限制"组

（1）"限制效果"：将限制约束应用于弯曲效果。默认设置为禁用状态。

（2）"上限"：设置上部边界，此边界位于弯曲中心点上方，超出此边界弯曲不再影响几何体。默认值为 0。

（3）"下限"设置下部边界，此边界位于弯曲中心点下方，超出此边界弯曲不再影响几何体。默认值为 0。

6.1.2 修改器堆栈

对物体添加"弯曲"修改后在修改器堆栈中可展开弯曲子对象层级，如图 6-4 所示。激活"Gizmo"子对象层级后，可以像其他任何对象那样对 Gizmo 进行变换操作，如图 6-5 所示为旋转 Gizmo 后效果。可以平移中心，从而改变 Gizmo 的形状，以此改变弯曲对象的形状，如图 6-6 所示。

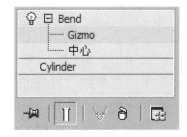

图 6-4　弯曲对象子物体

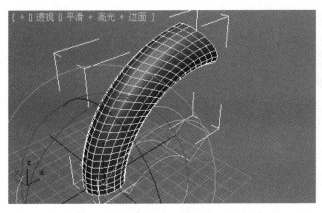

图 6-5　旋转"Gizmo"

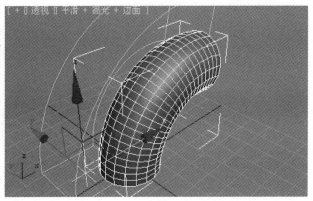

图 6-6　移动"中心"

6.2 锥化修改器

锥化修改器通过缩放对象几何体的两端产生锥化轮廓，一段放大而另一端缩小。可以在两组轴上控制锥化的量和曲线，也可以对几何体的一段限制锥化。

（1）选中视图中一个对象并应用"锥化"修改器，如图 6-7 所示。

（2）在"参数"卷展栏上，调整数量和曲线的数值，指定锥化轴向，如图 6-8 所示。这是锥化 Gizmo 的轴而不是选中对象的轴。锥化修改后的效果如图 6-9 所示。

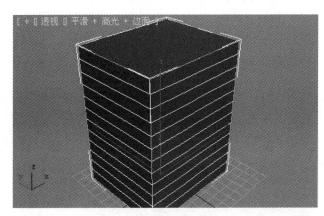

图 6-7　"锥化"修改前

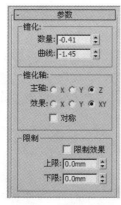

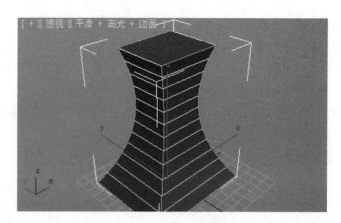

图 6-8 "锥化"参数　　　　　　　图 6-9 应用"锥化"修改器后效果

6.2.1 "参数"卷展栏

1. "锥化"组

（1）"数量"：用来控制锥化强度。这个量是一个相对值，最大为 10。

（2）"曲线"：对锥化 Gizmo 的侧面应用曲率，因此影响锥化对象的图形。正值会沿着锥化侧面产生向外的曲线，负值产生向内的曲线。值为 0 时，侧面不变。默认值为 0。

2. "锥化轴"组

（1）"主轴"：用来设置锥化的中心轴或中心线——X、Y 或 Z。默认为 Z。

（2）"效果"：用于表示锥化修改同时影响的其他轴，如果主轴是 X，影响轴可以是 Y、Z 或 YZ。默认设置为 XY。

（3）"对称"：围绕主轴产生对称锥化。锥化始终围绕影响轴对称。默认设置为禁用状态。改变影响轴会改变修改器的效果。

3. "限制"组

（1）"限制效果"：对锥化效果启用上下限。

（2）"上限"：从倾斜中心点设置上限边界，超出这一边界以外，倾斜将不再影响几何体。

（3）"下限"：从倾斜中心点设置下限边界，超出这一边界以外，倾斜将不再影响几何体。

6.2.2 修改器堆栈

对物体添加"锥化"修改后在修改器堆栈中可展开锥化子对象层级，如图 6-10 所示。激活"Gizmo"子对象层级后，可以像其他任何对象那样对 Gizmo 进行变换操作，如图 6-11 所示为旋转 Gizmo 后效果。可以平移中心，从而改变"锥化"Gizmo 的形状，以此改变锥化对象的形状，如图 6-12 所示。

图 6-10 锥化对象子物体

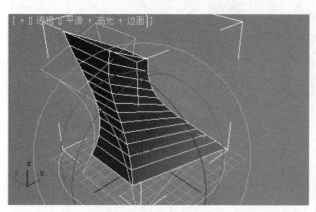

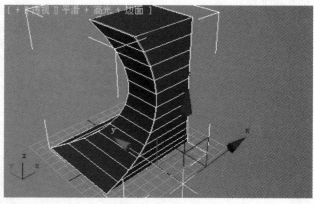

图 6-11 旋转"Gizmo"　　　　　　图 6-12 移动"中心"

6.3 扭曲修改器

扭曲修改器在对象几何体中产生一个旋转效果（就像拧湿抹布），可以控制任意三个轴上扭曲的角度，并设置偏移来压缩扭曲相对于轴点的效果。也可以对几何体的一段限制扭曲。

（1）选中视图中一个对象并应用"扭曲"修改器，如图 6-13 所示。

（2）在"参数"卷展栏上，调整角度和偏移量数值，指定扭曲轴，如图 6-14 所示。这是扭曲 Gizmo 的轴而不是选中对象的轴。扭曲修改后的效果如图 6-15 所示。

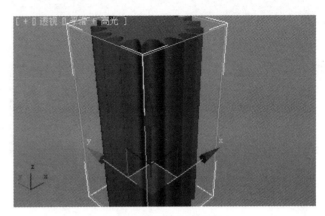

图 6-13　"扭曲"修改前

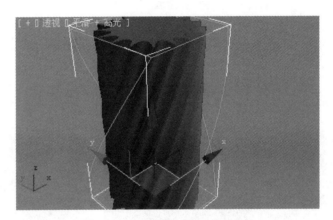

图 6-15　应用"扭曲"修改器后效果

图 6-14　"扭曲"参数

6.3.1 "参数"卷展栏

1. "扭曲"组

（1）"角度"：确定围绕垂直轴扭曲的量。默认设置是 0。

（2）"偏移"：使扭曲旋转聚在对象的任意末端。此参数为负时，对象扭曲会与 Gizmo 中心相邻；此值为正时，对象扭曲远离于 Gizmo 中心。

2. "扭曲轴"组

"X/Y/Z"：指定执行扭曲所沿着的轴。这是扭曲 Gizmo 的局部轴。

3. "限制"组

（1）"限制效果"：对扭曲效果应用限制约束。

（2）"上限"：设置扭曲效果的上限。默认值为 0。

（3）"下限"：设置扭曲效果的下限。默认值为 0。

6.3.2 修改器堆栈

对物体添加"扭曲"修改后在修改器堆栈中可展开扭曲子对象层级，如图 6-16 所示。激活"Gizmo"子对象层级后，可以像其他任何对象那样对 Gizmo 进行变换操作，如图 6-17 所示为旋转 Gizmo 后效果。可以平移中心，从而改变"锥化"Gizmo 的形状，以此改变扭曲对象的形状，如图 6-18 所示。

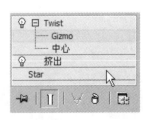

图 6-16　扭曲对象子物体

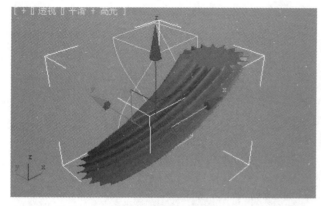

图 6-17 旋转"Gizmo"

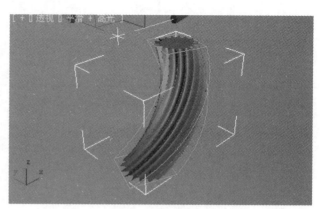

图 6-18 移动"中心"

6.4 法线修改器

图 6-20 法线"参数"

在 3ds max 2011 中，系统默认可见面的表面具有若干垂直于表面的蓝色不可见的法线，如图 6-19 所示。在建模过程中有时会创建出法线指向内部的对象，对象的表面不可见，这时可以使用"法线"修改器并同时启用"统一"和"翻转"来修正"内部外翻"的对象。"法线"修改器的"参数"卷展栏如图 6-20 所示。如图 6-21 所示为法线翻转后的效果。

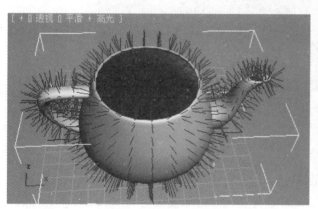

图 6-19 茶壶的正常法线

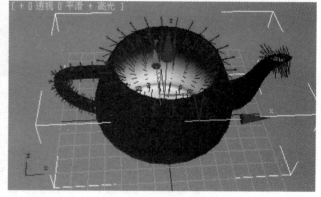

图 6-21 法线内翻

6.5 晶格修改器

"晶格"修改器将图形的线段或边转化为圆柱形结构，并在顶点上产生可选的关节多面体。使用它可基于网格创建可渲染的几何体结构，或作为获得线框渲染效果的另一种方法。

"晶格"修改器的参数卷展栏分为 3 组，分别为"几何体"、"支柱"、"节点"，如图 6-22 ～图 6-24 所示。

图 6-22 "几何体"组

图 6-23 "支柱"组

图 6-24 "节点"组

1．"几何体"组

指定是否使用整个对象或选中的子对象，并显示它们的支柱和关节这两个组件。

（1）"应用于整个对象"：将"晶格"应用到对象的所有边或线段上。

（2）"仅来自顶点的节点"：仅显示由原始网格顶点产生的节点，如图6-25所示。

（3）"仅来自边的支柱"：仅显示由原始网格线段产生的支柱，如图6-26所示。

（4）"二者"：显示支柱和节点，如图6-27所示。

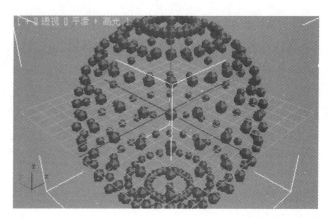

图6-25 "几何体"组

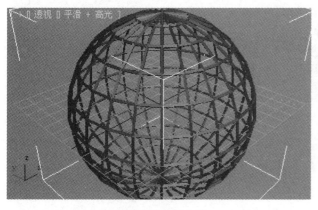

图6-26 "支柱"组

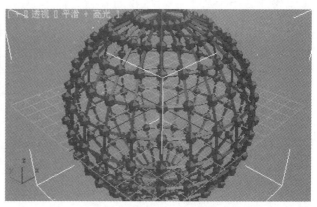

图6-27 "节点"组

2．"支柱"组

提供影响几何体结构的控件。

（1）"半径"：指定支柱半径。

（2）"分段"：指定支柱的分段数目。当需要使用后续修改器将结构或变形或扭曲时，增加此值。

（3）"边数"：指定支柱的边数。

（4）"材质ID"：指定用于支柱的材质ID。使结构和节点具有不同的材质ID，这会很容易地将它们指定给不同的材质。结构默认ID=1。

（5）"忽略隐藏边"：仅生成可视边的结构。禁用时，将生成所有边的结构，包括不可见边，如图6-28所示。默认设置为启用。

（6）"末端封口"：将末端封口应用于支柱。

（7）"平滑"：将平滑应用于支柱。

3．"节点"组

提供影响节点几何体的控件。

（1）"基点面类型"：指定用于节点的多面体类型。

（2）"四面体"：使用一个四面体。

（3）"八面体"：使用一个八面体。

（4）"二十面体"：使用一个二十面体。

（5）"半径"：设置节点的半径。

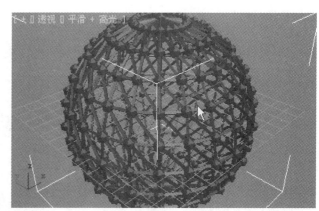

图6-28 显示隐藏边

（6）"分段"：指定节点中的分段数目。分段越多，节点形状越精细。

（7）"材质 ID"：指定用于节点的材质 ID。默认设置为 ID=2。

（8）"平滑"：将平滑应用于节点。

课后任务

1. 创建结构框架

（1）在视图建立长方体，长、宽、高分别为 500mm、500mm、12000mm，高分段数设为 24，如图 6-29 所示。

（2）为长方体添加"弯曲"修改，打开子物体层级，将"中心"子物体移动到长方体中心，如图 6-30 所示。

（3）输入弯曲参数，弯曲后的物体适当旋转后效果如图 6-31 所示。

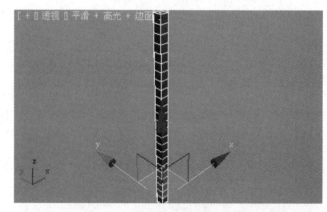

图 6-29　创建长方体

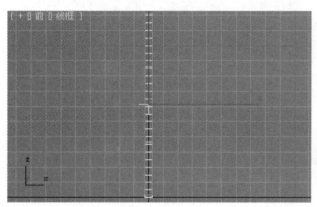

图 6-30　移动中心子物体

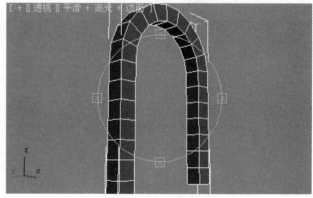

图 6-31　添加"弯曲"修改

（4）为弯曲物体添加"晶格"修改，参数设置如图 6-32 和图 6-33 所示。添加"晶格"修改后的效果如图 6-34 所示。

图 6-32　晶格参数（一）　图 6-33　晶格参数（二）

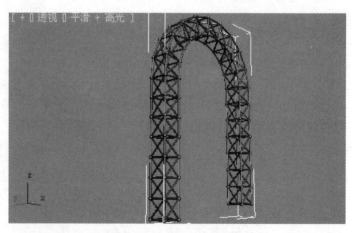

图 6-34　添加"晶格"修改后效果

2. 创建护栏

（1）在顶视图创建 2000mm×600mm 矩形，如图 6-35 所示。

（2）将矩形转换为可编辑样条线，删除其中一条线段如图 6-36 所示。

（3）选择线段子物体，选中一条线段，将参数卷展栏中的"拆分"设置为 3，点击"拆分"按钮，将所选线段分为 4 段，如图 6-37 所示。

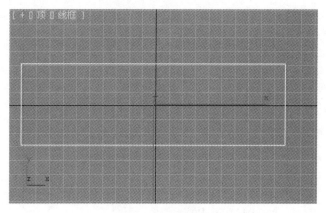

图 6-35　创建矩形

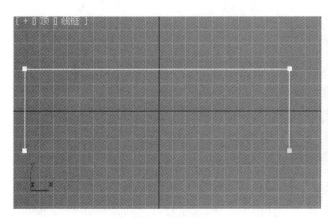

图 6-36　删除线段

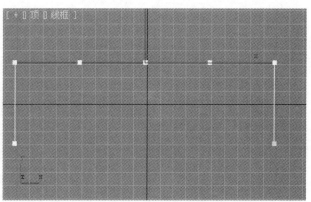

图 6-37　拆分线段

（4）为样条线添加"挤出"修改，设置挤出数值为 600mm，分段数设为 4，如图 6-38 所示。

（5）为挤出对象添加"晶格"修改，在"参数"卷展栏的"几何体"选项组选择单选按钮"仅来自边的支柱"；在"支柱"选项组设置支柱半径为 20mm，边数为 4；勾选"末端封口"复选框。添加"晶格"修改后的效果如图 6-39 所示。

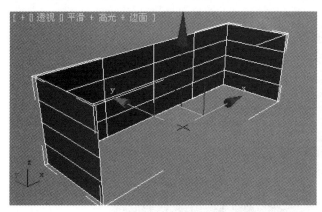

图 6-38　挤出修改

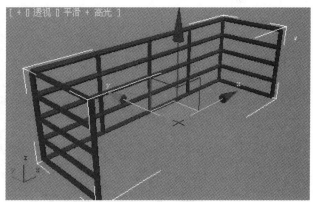

图 6-39　晶格修改

第7章
材质与贴图

7.1 材质属性

我们周围的物体都有各自不同的属性：石头是粗糙的、不锈钢是光亮的、玻璃是透明的、布料是柔软的……这些就是物体的材质属性。

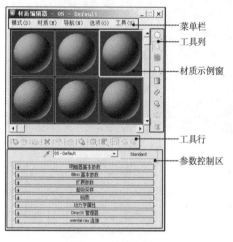

图 7-1 材质编辑器

在 3ds max 2011 中我们能够方便的模拟各种物体在环境中表现出的逼真的材质效果。

7.1.1 材质编辑器

在 3ds max 2011 中，对象的材质和贴图的制作、指定、编辑、调整都是通过材质编辑器实现的。选择菜单中的"渲染／材质编辑器"命令，或者点击工具栏的材质编辑器按钮"　"，或者在英文输入状态下按下 M 键，就可以打开"材质编辑器"面板，如图 7-1 所示。"材质编辑器"由"菜单栏"、"工具栏"、"示例窗"和"参数控制区"组成。

（1）"菜单栏"中包含了所有材质制作编辑命令，使用频繁的命令都设置成了快捷按钮，放置在工具栏中。

（2）"示例窗"是用于材质制作和编辑预览的。由众多材质窗组成，默认为"2×3 示例窗"在材质窗单击右键可以选择"5×3示例窗"和"6×4示例窗"。如图 7-2 和图 7-3 所示为选择"5×3 示例窗"和"6×4 示例窗"。每个材质窗有一个材质球，用于材质效果的预览。

（3）参数控制区用来控制当前材质的各种属性。

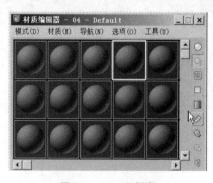

图 7-2 5×3 示例窗

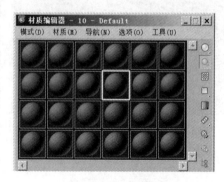

图 7-3 6×4 示例窗

7.1.2 材质的获取与指定

1. 选择材质类型

3ds max 2011 中内置了多种材质，默认情况下是"标准"材质，如图 7-4 所示。可以通过单击"材质编辑器"中的材质类型"Standard"按钮打开"材质／贴图浏览器"。在"材质／贴图浏览器"中列出了系统内置的材质类型，我们可以根据需要选择其中的任意一种，如图7-5所示选择"建筑"材质，双击"建筑材质"或单击"确定"按钮后当前材质类型即替换为指定的"建筑"材质，参数控制区发生相应的变化，如图7-6所示。

3ds max 2011"材质／贴图浏览器"将材质以卷展栏形式分组管理，如图7-7所示，每个卷展栏可随时展开或收起。

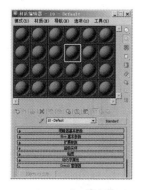   

图7-4 标准材质　　　　图7-5 材质／贴图浏览器　　　　图7-6 "建筑"材质　　　　图7-7 材质分类卷展栏

2. 材质的指定与同步状态

编辑好一个材质后，我们可以指定给场景中的一个或多个对象，使被指定对象具有和材质球同样的材质属性。

（1）选择场景中要指定材质的对象，如图7-8所示。

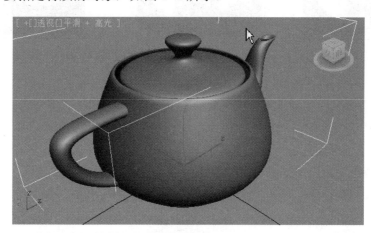

图7-8 选择对象

（2）在"材质编辑器"中选择要指定的材质球示例窗，如图7-9所示。

（3）单击"材质编辑器"工具栏中的"将材质指定给选定对象"按钮"　"，完成材质的指定。单击软件工具栏中的"渲染产品"按钮"　"进行渲染，如图7-10所示为指定材质后的渲染效果。

当场景中没有被选择对象时，"将材质指定给选定对象"按钮呈灰色禁用状态。

当材质球被选择后，相应材质球示例窗边框显示白色线框，如图7-11所示。

当材质球被指定给物体后，相应材质球示例窗的4个边角显示白色三角，表示材质球与场景中的对象处于同步状态，编辑材质球的属性会直接影响同步的场景对象，当白色三角显示为实心三角时，表示场景中的同步对象被选择，如图7-12所示。

当同步材质球的同步对象取消选择后，示例窗4个边角显示为空心的三角形，表示材质球与场景中对象同步，但场景对象没有被选择，编辑材质球的属性一样会影响同步的场景对象材质效果，如

图 7-13 所示。

图 7-9　选择材质

图 7-10　指定材质后的渲染效果

图 7-11　材质球被选择状态

图 7-12　同步对象被选择状态

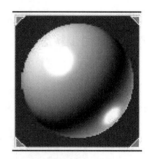

图 7-13　同步对象取消选择状态

7.1.3　标准材质

在现实世界中，物体表面的外观取决于它如何反射光线。标准材质类型为表面材质表现提供了非常直观的方式。当材质编辑器的材质类型按钮为"　Standard　"时，表示当前材质为"标准材质"。

标准材质是材质编辑器的默认材质类型，其属性和效果由参数控制区的 8 个卷展栏控制，如图 7-14 所示，分别是"明暗器基本参数"、"Blinn 基本参数"、"扩展参数"、"超级采样"、"贴图"、"动力学属性"、"DirectX 管理器"和"mentalray 连接"8 个卷展栏。

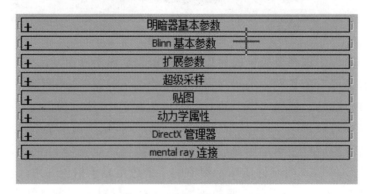

图 7-14　标准材质参数控制区

1. "明暗器基本参数"卷展栏

对标准材质而言，明暗器是一种算法，用于控制材质对灯光做出响应的方式。明暗器尤其适于控制高亮显示的方式。另外，明暗器提供了材质的颜色组件，可以控制其不透明度、自发光和其他设置。

如图 7-15 所示为"明暗器基本参数"卷展栏。

（1）明暗器下拉列表：该下拉列表框中罗列了 8 种明暗器类型，如图 7-16 所示。分别为各向异性、Blinn、金属、多层、Oren-Nayar-Blinn、Phong、Strauss 和半透明明暗器。这些明暗用于控制物体表面在受光状态下对光线的反应效果，如图 7-17 所示。

图 7-15 "明暗器基本参数"卷展栏　　　　　图 7-16 明暗器下拉列表

（2）"线框"复选框：物体以线框方式进行渲染，如图 7-18 所示。

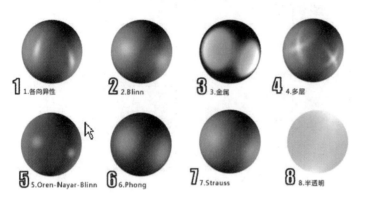

图 7-17 明暗器对光的反映效果

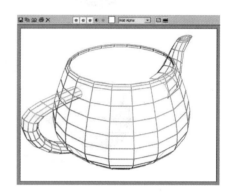

图 7-18 线框渲染

（3）"双面"复选框：材质同时指定给对象的正面和反面，如图 7-19 所示。

（4）"面状"复选框：对象的每个面以平面方式渲染，如图 7-20 所示。

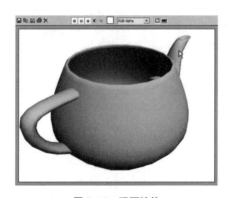

图 7-19 双面渲染

图 7-20 面状渲染

2. "Blinn 基本参数"卷展栏

"标准"材质的"基本参数"卷展栏包含一些控件，用来设置材质的颜色、反光度、透明度等设置，并指定用于材质各种组件的贴图，如图 7-21 所示。

（1）环境光 / 漫反射 / 高光反射：用于控制模型表面不同感光区域的颜色，单击右侧相应的颜色示例块，可以打开颜色拾取器进行颜色更改，如图 7-22 所示。

（2）"高光级别"数值框：用于控制当前材质高光的强度。数值越大，高光强度越大，其右侧的高光曲线起伏越大。如图 7-23 和图 7-24 所示，为高光级别数值为 20 和 100 时的高光效果。

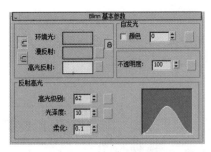

图 7-21　Blinn 基本参数

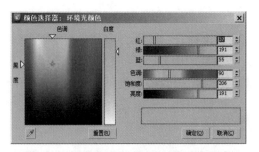

图 7-22　颜色拾取器

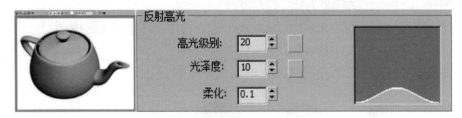

图 7-23　高光级别为 20

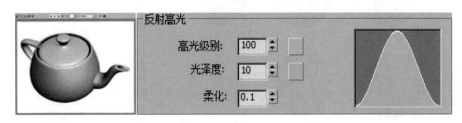

图 7-24　高光级别为 100

（3）"光泽度"数值框：用于控制高光区域的范围。数值越大，高光范围越小，其右侧的高光曲线越尖锐，也就是材质表面越光滑。如图 7-25 和图 7-26 所示为光泽度数值为 5 和 50 时的高光效果。

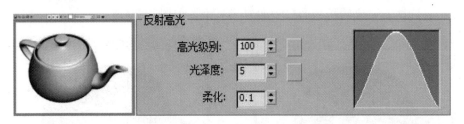

图 7-25　光泽度为 5

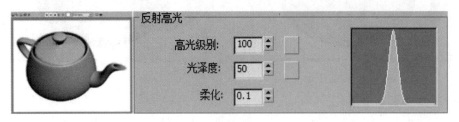

图 7-26　光泽度为 50

（4）"柔化"数值框：用来控制高光边缘的柔化程度，数值越大，高光的边缘柔化越明显。

（5）"自发光"数值框：用于控制材质的自发光效果，经常用于模拟光源，右侧的数值框数值的大小决定自发光的强弱。如图 7-27 和图 7-28 所示分别为自发光数值为 30 和 70 的效果。

当勾选"颜色"复选框时，原数值框变成颜色示例块，点击颜色块可以在打开的颜色拾取器中选择材质的发光颜色，如图 7-29 和图 7-30 所示分别为不同发光颜色的渲染效果。颜色的明度越高材质的发光强度越大。

3ds max

"不透明度"数值框：用于控制材质的透明属性，数值越小透明度越高。

图 7-27　自发光为 30　　　　图 7-28　自发光为 70　　　　图 7-29　自发光为绿色　　　　图 7-30　自发光为蓝色

3. "扩展参数"卷展栏

"扩展参数"卷展栏对于标准材质的所有着色类型来说都是相同的。它具有与透明度和反射相关的控件，还有"线框"模式的选项，主要用于对材质属性的进一步控制。

4. "超级采样"卷展栏

"超级采样"是抗锯齿技术中的一种。纹理、阴影、高光和光线跟踪反射和折射都具有自身的初步抗锯齿策略。超级采样是附加步骤，为每种渲染像素提供"最有可能"的颜色。

5. "贴图"卷展栏

"贴图"卷展栏用于访问并为材质的各个组件指定贴图。我们将在后面的章节中详细介绍。

6. "动力学属性"、"DirectX 管理器"和"mentalray 连接"卷展栏

这三个卷展栏在室内效果图制作过程中几乎用不到，这里不做介绍。

7.2　贴图

材质是物体的质感属性，例如反射、透明、高光等，贴图所表现的是对象表面的纹理，例如木纹、砖纹理、凹凸纹理等。

7.2.1　加载贴图

（1）按 M 键打开材质编辑器，选择任意一个示例窗。

（2）在参数控制区展开"贴图"卷展栏，单击任意一个贴图通道对应的 None 按钮，这里单击"漫反射颜色"贴图通道对应的 None 按钮，如图 7-31 所示。

（3）在打开的"材质／贴图浏览器"对话框右侧的列表框中选择任意贴图，这里选择"大理石"贴图，如图 7-32 所示。双击"大理石"贴图图标或点击"确定"即可完成贴图的加载，此时示例窗中的材质球和贴图通道对应的 None 按钮发生相应变化，如图 7-33 所示。适当调整材质球的高光，将加载贴图纹理的材质球指定给场景对象，渲染后效果如图 7-34 所示。

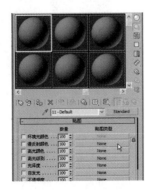 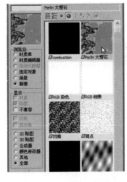 

图 7-31　选择贴图通道　　　　图 7-32　选择贴图　　　　图 7-33　完成贴图加载

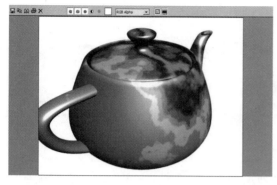

图 7-34　渲染效果

7.2.2　贴图通道

3ds max 2011 为用户提供了 12 种贴图通道，它们都位于标准贴图参数控制区的"贴图"卷展栏中。

（1）"环境光颜色"贴图：将纹理图像映射到材质的环境光颜色，图像绘制在对象的明暗处理部分，如图 7-35 所示。

（2）"漫反射颜色"贴图：以将图案纹理指定给材质的漫反射颜色。贴图的颜色将替换材质的漫反射颜色区域，如图 7-36 所示。这是最常用的贴图种类。

（3）"高光颜色"贴图：将图像指定给材质的高光颜色区域。贴图的图像只出现在反射高光区域中。如图 7-37 所示。

图 7-35　"环境光颜色"贴图

图 7-36　"漫反射颜色"贴图

图 7-37　"高光颜色"贴图

（4）"高光级别"贴图：可以选择一个位图文件或程序贴图基于位图的强度来改变反射高光的强度。贴图中的白色像素产生全部反射高光。黑色像素将完全移除反射高光，并且中间值相应减少反射高光，如图 7-38 所示。

（5）"光泽度"贴图：可以选择影响反射高光显示位置的位图文件或程序贴图。指定给光泽度决定曲面的哪些区域更具有光泽，哪些区域不太有光泽，具体情况取决于贴图中颜色的强度。贴图中的黑色像素将产生全面的光泽。白色像素将完全消除光泽，中间值会减少高光的大小，如图 7-39 所示。

（6）"自发光"贴图：使用贴图模拟材质表面的自发光，贴图的白色区域渲染为完全自发光。黑色区域不发光，灰色区域渲染为部分自发光，具体情况取决于灰度值，如图 7-40 所示。

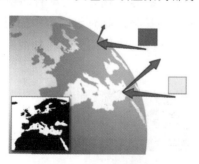

图 7-38　"高光级别"贴图

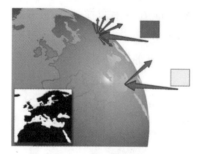

图 7-39　"光泽度"贴图

图 7-40　"自发光"贴图

（7）"不透明度"贴图：利用贴图明度表达材质的不透明度。贴图的浅色区域渲染为不透明；深色区域渲染为透明；之间的值渲染为半透明，如图 7-41 所示。

（8）"过滤色"贴图：使用贴图模拟通过透明或半透明材质（如玻璃）透射的颜色，如图 7-42 所示。

（9）"凹凸"贴图：通过贴图修改材质表面的粗糙效果。凹凸贴图使对象的表面看起来凹凸不平或呈现不规则形状。用凹凸贴图材质渲染对象时，贴图较明亮的区域看上去被提升，而较暗的区域看上去被降低，如图 7-43 所示。

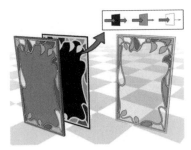
图 7-41 "不透明度"贴图

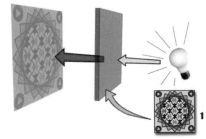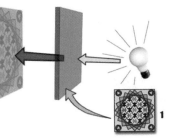
图 7-42 "过滤色"贴图

图 7-43 "凹凸"贴图

（10）"反射"贴图：可以选择位图文件或程序贴图，来作为反射贴图，如图 7-44 所示。

（11）"折射"贴图：可以选择位图文件或程序贴图，来作为反射贴图，如图 7-45 所示。

（12）"置换"贴图：置换贴图可以使曲面的几何体产生位移。它的效果与使用位移修改器相类似。与凹凸贴图不同，位移贴图实际上更改了曲面的几何体或面片细分。位移贴图应用贴图的灰度来生成位移。在贴图中，较亮的颜色比较暗的颜色更多的向外突出，导致几何体的三维置换，如图 7-46 所示。

图 7-44 "反射"贴图

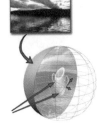
图 7-45 "折射"贴图

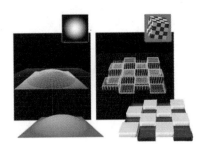
图 7-46 "置换"贴图

7.2.3 贴图坐标

贴图纹理在模型表面的显示方式就是贴图坐标。创建几何体时，在几何体对应的"参数"卷展栏中有一个"生成贴图坐标"复选框，系统默认为选择状态，表示系统已为几何体内置了贴图坐标，也就是为几何体确定了贴图在其表面的显示方式。

1．贴图坐标种类

3ds max 2011 为用户提供了 7 种贴图坐标，分别是"平面"、"柱形"、"球形"、"收缩包裹"、"长方体"、"面"和"XYZ 到 UVW"贴图坐标。

（1）"平面"贴图坐标：从对象上的一个平面投影贴图，在某种程度上类似于投影幻灯片。如图 7-47 所示为贴图投影的"平面"方式。

（2）"柱形"贴图坐标：从圆柱体投影贴图，使用它包裹对象。位图接合处的缝是可见的，除非使用无缝贴图。圆柱形投影用于基本形状为圆柱形的对象。如图 7-48 所示为贴图的"柱形"包裹方式示意。

（3）"球形"贴图坐标：通过从球体投影贴图来包围对象。在球体顶部和底部，位图边与球体两极交汇处会看到缝和贴图奇点。球形投影用于基本形状为球形的对象。如图 7-49 所示为纹理的球形包裹投影方式示意。

（4）"收缩包裹"贴图坐标：使用球形贴图，但是它会截去贴图的各个角，然后在一个单独极点将它们全部结合在一起，仅创建一个奇点。收缩包裹贴图用于隐藏贴图奇点。如图 7-50 所示为纹理的"收缩包裹"投影方式示意。

（5）"长方体"贴图坐标：从长方体的六个侧面投影贴图。每个侧面投影为一个平面贴图。如图 7-51 所示为纹理的"长方体"投影方式示意。

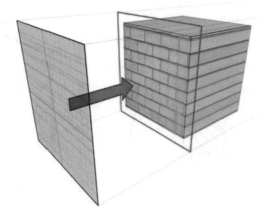

图 7-47 "平面"贴图坐标示意

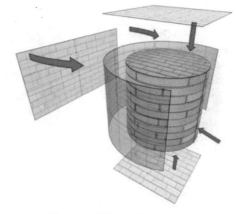

图 7-48 "柱形"贴图坐标示意

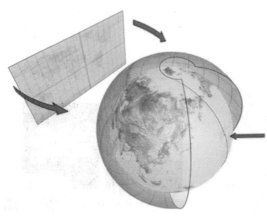

图 7-49 "球形"贴图坐标示意

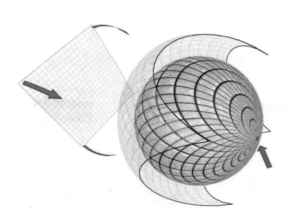

图 7-50 "收缩包裹"贴图坐标示意

（6）"面"贴图坐标：对对象的每个面应用相同贴图。如图 7-52 所示为纹理的"面"投影方式示意。

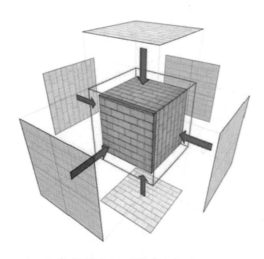

图 7-51 "长方体"贴图坐标示意

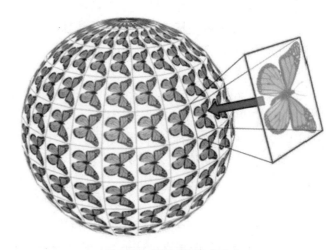

图 7-52 "面"贴图坐标示意

（7）"XYZ 到 UVW"贴图坐标：将贴图纹理锁定到表面。如果表面被拉伸，贴图也被拉伸。在模型被拉伸时不会出现模型表面贴图纹理的流的现象。如图 7-53 所示为纹理的"XYZ 到 UVW"贴图。

2. 调整贴图坐标

当物体表面的纹理显示不正确时，我们可以通过调整贴图坐标对纹理的显示方式加以调整。

在视图中选择要调整贴图坐标的物体，然后在"修改"命令面板中的"修改器列表"中选择"UVW

贴图"修改器。在展开的如图 7-54 所示的"参数"卷展栏中，对贴图坐标的参数进行调整。

图 7-53 "XYZ 到 UVW"贴图　　　　　　　　　　　　　　图 7-54 "参数"卷展栏

　　要将默认的"平面"贴图坐标方式变换为其他贴图坐标方式，只要在"贴图"栏中选择相应的单选按钮即可。

　　（1）"长度"、"宽度"和"高度"数值框：用来调整材质表面的贴图尺寸。如图 7-55 ～图 7-58所示为不同贴图坐标数值的效果。

图 7-55　长、宽、高各为100mm　　图 7-56　长变为 40mm　　图 7-57　宽变为 40mm　　图 7-58　高变为 40mm

　　（2）"U 向平铺"、"V 向平铺"、"W 向平铺"数值框：用于调整贴图在 X 轴、Y 轴、Z 轴向上的重复次数。如图 7-59 ～图 7-62 所示为不同贴图坐标平铺数值的效果。

图 7-59　U=1 V=1　　　　图 7-60　U=3 V=1　　　　图 7-61　U=3 V=3　　　　图 7-62　U=8 V=8

7.2.4　常用贴图

　　3ds max 2011 为用户提供的各种贴图中有些并不经常在室内外效果图制作中使用，下面着重介绍经常使用的位图贴图、平铺贴图、渐变贴图、噪波贴图、混合贴图和衰减贴图。

1. 位图贴图

　　位图是由彩色像素的固定矩阵生成的图像，一般为 jpg、bmp、tif 等格式。位图经常被作为物体的表面颜色或纹理加载到"漫反射颜色"贴图通道。加载位图贴图的步骤如下：

（1）选择任意一个材质示例窗，点击"漫反射颜色"贴图通道右侧的 None 按钮，如图 7-63 所示。

（2）在弹出的"材质／贴图浏览器"中选择"位图"贴图方式并确定，如图 7-64 所示。

（3）在"选择位图图像"对话框中选择一张位图并双击。

材质示例窗的材质球表面出现位图贴图效果，在"位图参数"卷展栏中显示出位图的属性，如图 7-65 所示。

  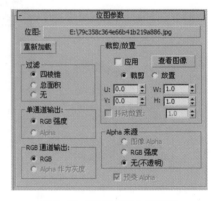

图 7-63　选择贴图通道　　　　　　图 7-64　选择贴图类型　　　　　　图 7-65　"位图参数"卷展栏

下面对"位图参数"卷展栏中的重要控件加以介绍：

（1）"位图"按钮：点击后可以使用标准文件浏览器选择位图。选中位图之后，此按钮上显示完整的路径名称。再次点击可浏览替换当前位图。

（2）"重新加载"按钮：对使用相同名称和路径的位图文件进行重新加载。在绘图程序中更新位图后，无需使用文件浏览器重新加载该位图。

（3）"过滤"组：用于选择位图抗锯齿的方式，其中"四棱锥"方式需要较少的内存并能满足大多数要求，是默认设置；"总面积"方式需要较多内存但通常能产生更好的效果；选项"无"表示禁用过滤。

（4）"裁切／放置"组：

1）"应用"选项：启用此选项可使用裁剪或放置设置。

2）"查看图像"按钮，点击后在打开的窗口显示由区域轮廓（各边和角上具有控制柄）包围的位图。要更改裁剪区域的大小，拖动控制柄即可。要移动区域，可将鼠标光标定位在要移动的区域内，然后进行拖动。如图 7-66～图 7-69 所示为裁切不同位图区域后的贴图效果。

建筑装饰

3ds max

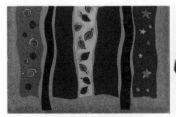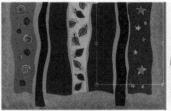

图 7-66　贴图未裁切　　　　　　　　　　　　图 7-67　贴图裁切应用（一）

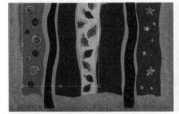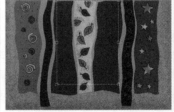

图 7-68　贴图裁切应用（二）　　　　　　　　图 7-69　贴图裁切应用（三）

3）"裁切"/"放置"单选按钮：激活裁切或放置。

4）"U"/"V"数值框：指定裁切或放置的中心位置。

5）"W"/"H"数值框：调整位图或裁剪区域的宽度和高度。

（5）"单通道输出"组：某些参数（如不透明度或高光级别）相对材质的三值颜色分量来说是单个值。此组中的控件根据输入的位图确定输出单色通道的源。

A、"RGB 强度"选项：使用贴图的红、绿、蓝通道的强度。忽略像素的颜色，仅使用像素的值或亮度。颜色作为灰度值计算，其范围是 0（黑色）～255（白色）。

B、"Alpha"选项：使用贴图的 Alpha 通道的强度。

（6）"RGB 通道输出"组：使用"RGB 通道输出"确定输出 RGB 部分的来源。此组中的控件仅影响显示颜色的材质组件的贴图：环境光、漫反射、高光、过滤色、反射和折射。

1）"RGB"选项：显示像素的全部颜色值（默认设置）。

2）"Alpha 作为灰度"选项：显示基于 Alpha 通道级别的灰度色调。

（7）"Alpha 来源"组：此组中的控件根据输入的位图确定输出 Alpha 通道的来源。

1）"图像 Alpha"选项：使用图像的 Alpha 通道（如果图像没有 Alpha 通道，则禁用）。

2）"RGB 强度"选项：将位图中的颜色转换为灰度色调值并将它们用于透明度。黑色为透明，白色为不透明。

3）"无（不透明）"选项：不使用透明度。

2．平铺贴图

使用"平铺"程序贴图，可以创建砖、彩色瓷砖或材质贴图。如图 7-70 所示为"平铺"制作砖墙贴图效果。

单击"漫反射颜色"贴图通道右侧的 None 按钮，在弹出的"材质/贴图浏览器"中选择"平铺"贴图方式并确定。可在如图 7-71 所示的参数控制区的卷展栏中调整平铺贴图属性。

图 7-70　平铺制作砖墙

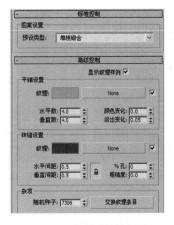

图 7-71　平铺贴图控制区

下面介绍一下"平铺"贴图参数控制区的重要控制组件。

（1）"预设类型"下拉列表：列出定义的建筑平铺砌合、图案、自定义图案，这样可以通过选择"高级控制"和"堆垛布局"卷展栏中的选项来设计自定义的图案。如图 7-72 和图 7-73 所示为几种不同的砌合。

（2）"平铺设置"组：

1）"显示纹理样例"：更新并显示贴图指定给"平铺"或"砖缝"的纹理。

2）"纹理"：控制用于平铺的当前纹理贴图的显示。启用此选项后，纹理将作为平铺图案使用而不是用作色样。禁用此选项后，显示平铺的颜色；单击色样显示颜色选择器。如图 7-74 所示为显示平铺颜色效果。

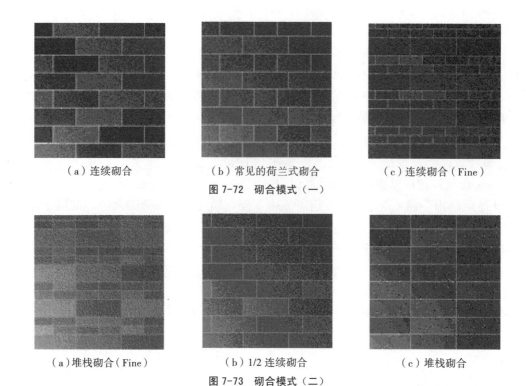

（a）连续砌合　　　　　　　　（b）常见的荷兰式砌合　　　　　（c）连续砌合（Fine）

图 7-72　砌合模式（一）

（a）堆栈砌合（Fine）　　　　　（b）1/2 连续砌合　　　　　　　（c）堆栈砌合

图 7-73　砌合模式（二）

右侧的"None"按钮可以为平铺拖放贴图。如果在指定了贴图的情况下单击此按钮，3ds max 将显示贴图的卷展栏。通过从"贴图／材质浏览器"中拖放"无"贴图，可以将此按钮恢复到"无"（移除指定的贴图）。如图 7-75 所示为平铺显示为贴图的效果。

3）"水平数"／"垂直数"数值框：控制行／列的平铺数。如图 7-76 为 6 行 3 列的平铺效果。

4）"颜色变化"／"淡出变化"数值框：控制平铺的颜色和淡出变化，如图 7-77 所示。

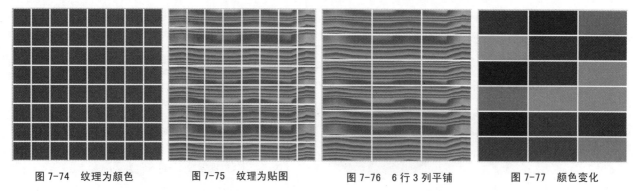

图 7-74　纹理为颜色　　　　图 7-75　纹理为贴图　　　　图 7-76　6 行 3 列平铺　　　图 7-77　颜色变化

（3）"砖缝设置"组：

1）"纹理"：控制砖缝的当前纹理贴图的显示。启用此选项后，纹理将作为砖缝图案使用而不是用作色样。禁用此选项后，显示砖缝的颜色，单击色样显示颜色选择器。

右侧的"None"按钮可以为平铺拖放贴图如果在指定了贴图的情况下单击此按钮，3ds max 将显示贴图的卷展栏。通过从"贴图／材质浏览器"中拖放"无"贴图，可以将此按钮恢复到"无"（移除指定的贴图）。

2）"水平间距"／"垂直间距"数值框：控制平铺间的水平／垂直砖缝的大小。在默认情况下，这两项数值相互锁定，因此当其中的任一值发生改变时，另外一个值也将随之改变。单击锁定图标，可将其解锁。如图 7-78 所示为砖缝值设为 2 的平铺效果。

3）"% 孔 "数值框：设置由丢失的平铺所形成的孔占平铺表面的百分比。

4)"粗糙度"数值框：控制砖缝边缘的粗糙度。如图7-79所示为增加砖缝粗糙度效果。

（4）"杂项"组：

1)"随机种子"数值框：对平铺应用颜色变化的随机图案。不用进行其他设置就能创建完全不同的图案。如图7-80所示为随机种子数值为300的平铺效果。

2)"交换纹理条目"按钮：在平铺间和砖缝间交换纹理贴图或颜色。如图7-81所示。

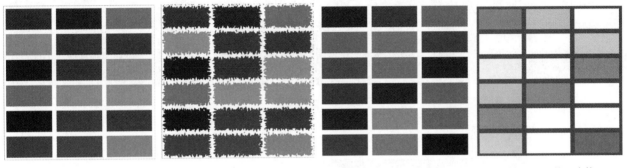

图 7-78　砖缝为 2　　　图 7-79　砖缝增加粗糙度　　　图 7-80　随机种子 300　　　图 7-81　纹理交换

3. 渐变贴图

渐变是从一种颜色到另一种颜色进行过渡处理。为渐变指定两种或三种颜色，3ds max 将插补中间值。如图7-82所示为渐变贴图的应用效果。用户可在如图7-83所示"渐变参数"卷展栏对渐变贴图进行设置。

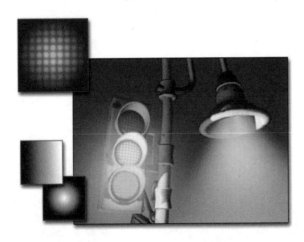

图 7-82　渐变贴图的应用效果

图 7-83　"渐变参数"卷展栏

（1）颜色 #1-3 色样：设置渐变在中间进行插值的三个颜色。点击相应色样可以显示颜色选择器。可以将颜色从一个色样中拖放到另一个色样中。如图7-84所示为红、绿、蓝渐变。

（2）"None"按钮：可以为相应的颜色区域指定贴图，贴图采用与混合渐变颜色相同的方式来混合到渐变中，如图7-85所示为大理石、木纹和平铺贴图的渐变。后面的复选框能够启用或禁用相关联的贴图。

（3）"颜色2位置"：控制中间颜色的中心点。位置介于0和1之间。为0时,颜色2会替换颜色3；为1时，颜色2会替换颜色1。

（4）"渐变类型"：线性渐变基于垂直位置插补颜色，而径向渐变则基于距贴图中心的距离插补颜色。如图7-86所示为"径向"渐变效果。

4. 噪波贴图

噪波贴图基于两种颜色或材质的交互创建曲面的随机扰动。如图7-87所示为噪波贴图的应用效果。噪波贴图可以在如图7-88所示的"噪波参数"卷展栏中进行调整。

图 7-84　红、绿、蓝渐变

图 7-85　贴图渐变

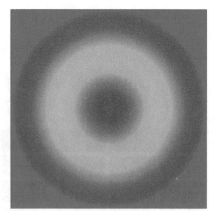

图 7-86　径向渐变

图 7-87　噪波贴图的应用图

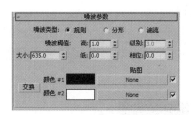

图 7-88　"噪波参数"卷展栏

（1）"噪波类型"按钮：

"规则"按钮：生成普通噪波，是默认设置。效果如图 7-89 所示。

"分形"按钮：使用分形算法生成噪波。效果如图 7-90 所示。

"湍流"按钮：生成应用绝对值函数来制作故障线条的分形噪波。效果如图 7-91 所示。

图 7-89　规则

图 7-90　分形

图 7-91　湍流

（2）"大小"数值框：以 3ds max 当前单位为单位设置噪波函数的比例，控制噪波的大小。

（3）"颜色 #1"／"颜色 #2"色样：点击色样显示颜色选择器，可以更改两个主要噪波颜色，并通过所选的两种颜色生成中间颜色值，将 2 个色样设为红色和绿色后噪波效果如图 7-92 所示。

（4）"None"按钮：可以为相应的噪波颜色区域指定贴图，将红色和绿色区域分别指定大理石和木纹贴图后效果如图 7-93 所示。后面的复选框能够启用或禁用相关联的贴图。

（5）"交换"按钮：切换两个颜色或贴图的位置，如图 7-94 所示为交换红、绿颜色位置。

图 7-92　设置颜色

图 7-93　指定贴图

图 7-94　交换颜色

5. 混合贴图

通过"混合贴图"可以将两种颜色或材质合成在曲面的一侧。如图 7-95 所示为混合贴图应用示意。混合贴图的"混合参数"卷展栏如图 7-96 所示，与混合材质的"混合基本参数"卷展栏（图 7-45）的设置方法相同。

图 7-95　混合贴图应用示意

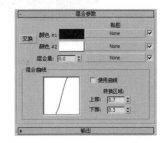

图 7-96　"混合参数"卷展栏

如图 7-97 ～图 7-99 所示为合成贴图合成示意。

图 7-97　合成贴图应用示意（一）

图 7-98　合成贴图应用示意（二）

图 7-99　混合量 50%

6. 衰减贴图

"衰减"贴图基于几何体曲面上面法线的角度衰减来生成从白到黑的值。用于指定角度衰减的方向会随着所选的方法而改变。然而，根据默认设置，贴图会在法线从当前视图指向外部的面上生成白色，而在法线与当前视图相平行的面上生成黑色。如图 7-100 为衰减贴图效果。点击"漫反射颜色"贴图通道右侧的 None 按钮，在弹出的"材质／贴图浏览器"中选择"衰减"贴图方式并确定。衰减贴图参数控制如图 7-101 所示。

（1）前：侧：前：侧面表示"垂直／平行"衰减。该名称会因选定的衰减类型而改变。控制如

下所示:

单击色样可以指定衰减颜色。

使用数值字段和微调器 100.0 可以调整颜色的相对强度。

单击标记为"none"的按钮可以为相应区域指定贴图。

单击"交换颜色／贴图" 可以交换这些指定。

（2）衰减类型：选择衰减的种类。有以下五个可用选项：垂直／平行、朝向／背离、Fresnel、阴影／灯光、距离混合。

（3）衰减方向：用来选择衰减的方向。

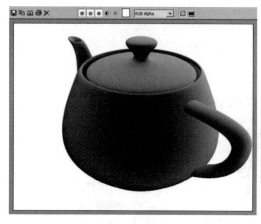

图 7-100　衰减贴图效果

图 7-101　衰减贴图参数控制

课后任务一：多通道贴图制作凹凸效果

在标准材质参数控制区的"贴图"卷展栏,软件系统为我们提供了多个贴图通道,如图 7-102 所示。我们在表现对象表面纹理的操作中可以同时在多个通道中加载贴图。

（1）在场景中创建茶壶，适当提高分段数，如图 7-103 所示。按下"M"键，打开材质编辑器，在示例窗中选择一个材质球，确定场景中的茶壶对象是被选择状态，点击材质编辑器工具栏中的按钮" "，将材质球指定给茶壶，材质球与场景中的茶壶处于同步状态。

图 7-102　"贴图"卷展栏

图 7-103　创建茶壶

（2）将材质球的"高光级别"和"高光度"调整如图 7-104 所示。点击" "按钮或输入法在英文状态下按下 shift+Q 快捷键，渲染效果如图 7-105 所示。

（3）位图贴图的两种方法：

1）展开材质球参数控制区的"贴图"卷展栏，点击"漫反射颜色"贴图通道的"none"按钮，调出材质／贴图浏览器并展开"贴图"组，如图 7-106 所示。

图 7-104 反射参高光参数设置

图 7-105 渲染效果

在"标准"贴图类型中选择"位图"，双击"位图"或单击"确定"打开"选择位图图像文件"面板，单击"查找范围"后的""按钮，找到"第 7 章／源文件／贴图／红砖 . jpg"文件[1]，如图 7-107 所示。点击"打开"按钮，红砖位图被加载到材质球，如图 7-108 所示。

图 7-106 材质／贴图浏览器

图 7-107 选择位图图像文件

点击""按钮，使贴图效果在场景对象中显示出来，按下 shift+Q 快捷键，渲染效果如图 7-109 所示。

图 7-108 加载位图的材质球

图 7-109 砖纹理贴图效果

---

[1] 本书源文件请到 www.waterpub.com.cn\softdown 免费下载。

2）加载位图贴图的第二种方法：单击命令面板中的"工具"按钮"▼"，单击"资源浏览器"按钮，调出资源浏览器面板，找到"第7章／源文件／贴图／红砖.jpg"文件，如图7-110所示。可以双击"红砖.jpg"的缩略图标进行图片效果的预览。

在"红砖.jpg"的缩略图标上按下鼠标左键不放，将图标拖拽到"贴图"卷展栏的"漫反射颜色"贴图通道的"None"按钮，释放鼠标，或者拖拽到"Blinn基本参数"卷展栏中漫反射后的快捷贴图通道按钮，如图7-111所示，完成贴图的加载。

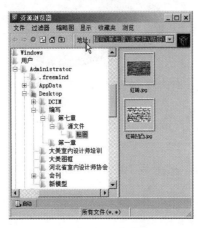

图7-110　资源浏览器

图7-111　快捷贴图通道

（4）在（1）、（2）、（3）步骤中我们完成了单个贴图通道的贴图加载，下面我们来加载第二个通道的贴图。按上面(2)步骤中的第二种方法打开"资源浏览器"，找到第7章／源文件／贴图／红砖凹凸.jpg文件。

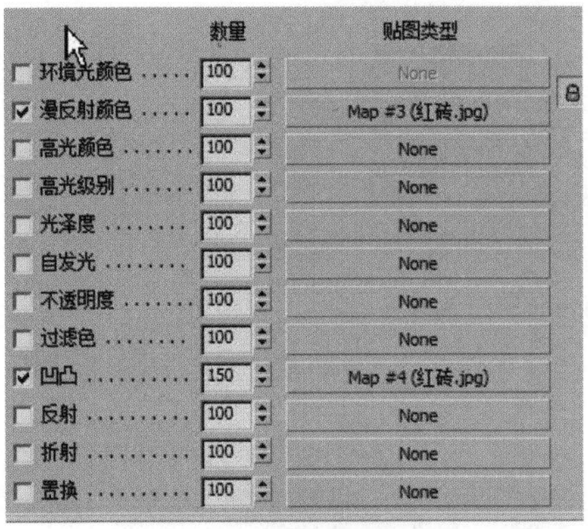

将红砖凹凸.jpg文件拖拽到"贴图"卷展栏的"凹凸"贴图通道的"None"按钮，释放鼠标，完成贴图的加载。调整凹凸贴图的数量，如图7-112所示。材质球表面出现凹凸效果如图7-113所示。

渲染后效果如图7-114所示，茶壶表面的砖纹理出现了明显的凹凸效果。

（5）各通道中的贴图可以通过拖拽进行相互复制或覆盖，可以通过右键进行清除或打开操作。加载贴图前，材质球显示其本身相应区域的颜色，加载贴图后贴图纹理将代替原有区域的颜色，贴图通道中的"数量"数值框控制贴图的强度，我们可以理解为贴图纹理与原有颜色的混合比例。如图7-115～图7-117所示，为不同贴图数量的效果。

图7-112　凹凸贴图数量设置

图7-113　加载凹凸贴图的材质球

图7-114　凹凸渲染效果

图 7-115　贴图数量为 0

图 7-116　贴图数量为 50

图 7-117　贴图数量为 100

课后任务二：多层级贴图表现纹理衰减效果

在对象表面纹理表现操作过程中，加载贴图可以多层级进行。

（1）打开"第 7 章／源文件／模型／靠垫.max"文件，渲染场景效果如图 7-118 所示。

（2）为靠垫指定同步材质球，点击"漫反射颜色"贴图通道，在材质／贴图浏览器中选择"衰减贴图"类型，场景渲染后效果如图 7-119 所示。靠垫出现颜色衰减效果，法线正对摄像机的面表现为黑色，法线平行于摄像机的面表现为白色。

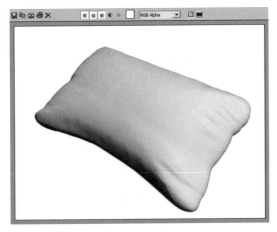

图 7-118　未贴图靠垫效果

图 7-119　衰减贴图效果（一）

（3）在黑色样块后的贴图通道加载贴图"第7章／源文件／贴图／布料.jpg文件"渲染效果如图7-120所示。

（4）将黑色样块贴图通道的贴图通过拖拽复制到白色样块贴图通道，将白色样块调为深蓝灰色，并将贴图数量调为20，如图7-121所示。

图 7-120　衰减贴图效果（二）

图 7-121　衰减设置

（5）靠垫渲染后的效果如图7-122所示。相当于法线正对摄像机的面表现为100%布料纹理，法线平行于摄像机的面表现为80%的蓝灰色与20%布料纹理的混合。

图 7-122　靠垫最终效果

第8章
摄影机及灯光

8.1 摄影机

在场景创建过程中，可以通过摄影机来显示和控制场景的显示角度和区域，大多数的场景效果图都是通过摄影机视图渲染的。

8.1.1 摄影机种类

摄影机分为目标摄影机和自由摄影机两种。自由摄影机不具有目标，目标摄影机具有目标子对象，如图 8-1 所示。

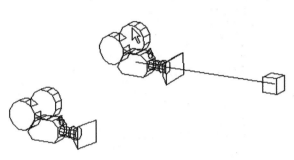

图 8-1　目标摄影机和自由摄影机

1. 目标摄影机

目标摄影机会查看所放置的目标图标周围的区域，如图 8-2 所示。创建目标摄影机时，看到一个两部分的图标，该图标表示摄影机和其目标（一个白色框）。摄影机就是由相机和目标点组成，两个组成部分可以分别进行移动。在移动过程中，相机的视线总是定位在目标点上，如图 8-3 所示。目标摄影机比自由摄影机更容易定向，因为只需将目标对象定位在所需位置的中心。

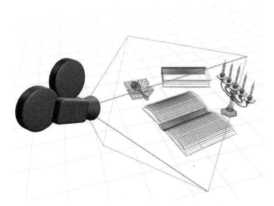

图 8-2　目标摄影机查看目标对象

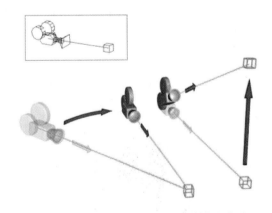

图 8-3　目标摄影机相机目标点的移动

2. 自由摄影机

自由摄影机在摄影机指向的方向查看区域。与目标摄影机不同，它有两个用于目标和摄影机的独立图标，自由摄影机由单个图标表示，为的是更轻松设置动画。当摄影机位置沿着轨迹设置动画时可以使用自由摄影机，与穿行建筑物或将摄影机连接到行驶中的汽车上时一样。自由摄影机可以不受限制地移动和定向，如图 8-4 所示。

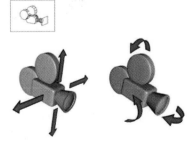

图 8-4　自由摄影机的移动和控制

8.1.2 摄影机的创建

1．手动创建摄影机

单击"创建"面板上的"摄影机"按钮""，然后单击"对象类型"卷展栏中的"目标"按钮，如图 8-5 所示。或者选择"创建"菜单／"摄影机"／"目标摄影机"，如图 8-6 所示。在视口中拖动创建摄影机，拖动的初始点是摄影机的位置，释放鼠标的点就是目标位置，如图 8-7 所示。

图 8-5　摄影机创建面板

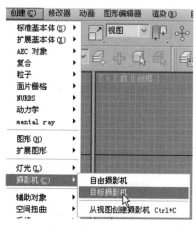

图 8-6　摄影机创建菜单

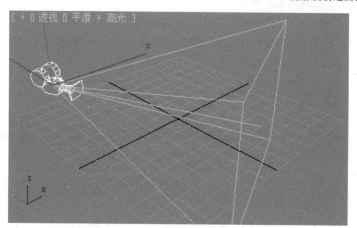

图 8-7　目标摄影机

2．匹配摄影机

调整好透视图的视角，选择"视图"菜单　／"从视图创建摄影机"，或者按 Ctrl+C 组合键，系统将自动创建匹配当前视图的摄影机，将透视图转换成摄影机视图。

8.1.3 摄影机的常用参数

摄影机由焦距和视野范围决定观察对象的视觉效果，如图 8-8 所示。在场景中创建摄影机后，可以通过摄影机的参数来对它进行调整。如图 8-9 所示为摄影机的"参数"卷展栏。

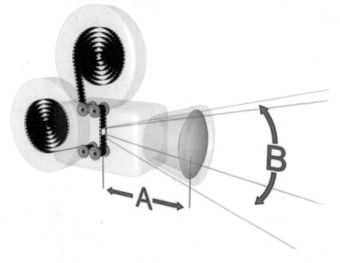

图 8-8　摄影机的焦距和视野

A—焦距长度；B—视野（fov）

图 8-9　摄影机"参数"

102

（1）"镜头"：以 mm 为单位设置摄影机的焦距。

（2）"⬌"：视野方向弹出按钮可以选择怎样应用视野值：

"⬌"水平（默认设置）应用视野。这是设置和测量视野的标准方法。

"↕"垂直应用视野。

"⬈"在对角线上应用视野，从视口的一角到另一角。

（3）"视野"：决定摄影机查看区域的宽度。

（4）"正交投影"：启用此选项后，摄影机视图以正交视图形式显示。

（5）"备用镜头"：这些按钮是摄影机的焦距预设值（以 mm 为单位）。

（6）"类型"：将摄影机类型在目标摄影机和自由摄影机之间转换。

（7）"显示圆锥体"：显示摄影机视野定义的锥形范围界限。启用"显示圆锥体"后摄影机的视野锥形光线轮廓以浅蓝色显示，如图 8-10 所示。当选中摄影机对象时，摄影机的锥形光线始终可见，而不考虑"显示锥形光线"设置。

（8）"显示地平线"：在摄影机视口中的地平线层级显示一条深灰色的线条，如图 8-11 所示。如果地平线位于摄影机的视野之外，或摄影机倾斜得太高或太低，则地平线不可见。

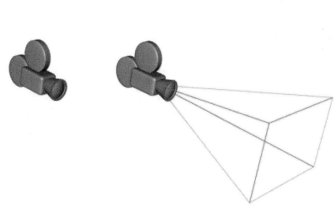

图 8-10　摄影机"显示圆锥体"

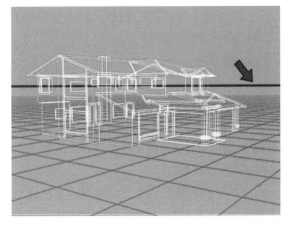

图 8-11　视图中显示地平线

（9）"剪切平面"组：设置该组选项来定义剪切平面。在视图中，剪切平面在摄影机锥形光线内显示为红色的矩形（带有对角线）。

1）"手动剪切"：启用该选项可定义剪切平面。

2）"近距剪切"和"远距剪切"：设置近距和远距平面。对于摄影机，比近距剪切平面近或比远距剪切平面远的对象是不可视的，如图 8-12 所示。如图 8-13 所示为"剪切平面"效果。

图 8-12　"近"距和"远"距剪切平面示意

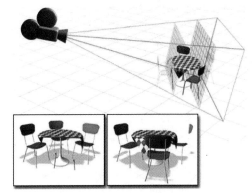

图 8-13　剪切平面的效果

8.1.4 摄影机的调整

1. "推拉"摄影机

当"摄影机"视图处于活动状态时,视图控制区的推拉摄影机按钮" 🔄 "将代替"缩放"按钮。这组按钮可以沿着摄影机的主轴移动摄影机或其目标或者摄影机和目标,移向或移离摄影机所指的方向,如图8-14所示。这组按钮包括以下3个按钮:

图8-14 "推拉"摄影机

(1)" 🔄 "推拉摄影机:只将摄影机移向或移离其目标。如果移过目标,摄影机将翻转180°并且移离其目标。

(2)" 🔄 "推拉目标:只将目标移向和移离摄影机。在摄影机视口看不到变化,除非您将目标推拉到摄影机的另一侧,摄影机视图将在此翻转。

(3)" 🔄 "推拉摄影机和目标:同时将目标和摄影机移向和移离摄影机。

2. 透视

当"摄影机"视图处于活动状态时,视图控制区的透视按钮" 🔷 "将代替"所有视图最大化"按钮。选择该按钮后在摄影机视图中进行拖动可同时更改视野和推拉,如图8-15所示。向上拖动摄影机将移近其目标,扩大视野范围以及增加透视张角量;向下拖动摄影机将移离其目标,缩小视野范围以及减少透视张角量。

3. 侧滚摄影机

"侧滚摄影机",围绕其局部 Z 轴旋转自由的摄影机。当"摄影机"视口处于活动状态时,"最大化显示"按钮替换为侧滚摄影机按钮" 🔄 "。选择该按钮后在视图中水平拖动光标,目标摄影机围绕其视线旋转,实现视图侧滚,如图8-16所示。

图8-15 "透视"

图8-16 "侧滚"

4. 视野

视野按钮" ▷ "可调整视口中可见的场景数量和透视张角量,如图8-17所示。更改视野与更改摄影机上的镜头的效果相似。视野越大,就可以看到更多的场景,而透视会扭曲,这与使用广角镜头相似;视野越小,看到的场景就越少,而透视会展平,这与使用长焦镜头类似。

5. 平移摄影机

单击"平移摄影机"按钮"🖐",在视图中拖动可移动摄影机及其目标。使用"平移摄影机"可以沿着平行于视图平面的方向移动摄影机,移动方向与摄影机的视线垂直,如图 8-18 所示为平移摄影机工作示意。

6. 环游摄影机

单击"环游摄影机"按钮"👁",拖动后可围绕目标旋转视图,从而达到从不同角度和范围观察场景的目的,如图 8-19 所示为环游摄影机工作示意。

图 8-17 "视野"

图 8-18 "平移摄影机"工作示意

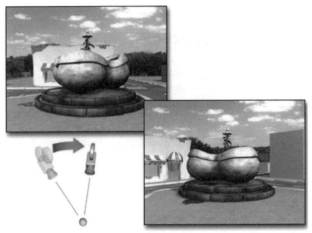

图 8-19 "环游摄影机"工作示意

8.2 灯光设置

灯光是模拟实际灯光(例如家庭或办公室的灯、舞台和电影工作中的照明设备以及太阳本身)的对象。不同种类的灯光对象用不同的方法投影灯光,模拟真实世界中不同种类的光源,以此增强场景的清晰度和三维效果。

当场景中没有创建灯光时,场景使用默认的照明着色或渲染场景,默认照明由两个不可见的灯光组成:一个位于场景上方偏左的位置,另一个位于下方偏右的位置。一旦创建了一个灯光,那么默认的照明就会被禁用。如果您在场景中删除所有的灯光,则重新启用默认照明。

3ds max 2011 为用户提供了"标准"灯光和"光度学"灯光两组灯光。

8.2.1 创建标准灯光

打开"灯光"创建命令面板,如图 8-20 所示,3ds max 2011 提供了 8 种标准灯光。标准灯光是基于计算机的对象,用来模拟灯光,如家用或办公室灯,舞台和电影工作时使用的灯光设备,以及太阳光本身。不同种类的灯光对象可用不同的方式投影灯光,用于模拟真实世界不同种类的光源。

1. 创建泛光灯

"泛光灯"从单个光源向各个方向投射光线,可用于模拟点光源,或作为

图 8-20 "灯光"创建面板

场景照明的"辅助照明"。泛光灯工作原理如图8-21和图8-22所示。

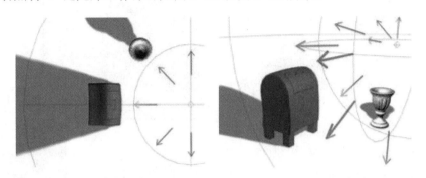

图 8-21　泛光灯的顶部视图　　　　图 8-22　相同灯光的透视视图

　　打开"灯光"创建命令面板,选择"标准"灯光类型,在"对象类型"卷展栏上单击"泛光灯"按钮。在视图中单击放置灯光的位置,"泛光灯"创建完成。接下来可以通过设置灯光参数调整灯光效果。灯光"参数"面板如图8-23所示。

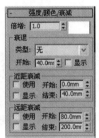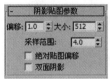

图 8-23　泛光灯参数控制卷展栏

　　(1)"名称和颜色"卷展栏:在该卷展栏中,单击名称字段并输入新名称,然后按Enter键,可更改该灯光名称。在"名称和颜色"卷展栏中,单击色样可打开颜色选择器。选择新颜色并单击"确定"按钮,可更改该灯光几何体的颜色,这不会对灯光发射的颜色产生影响。

　　(2)"常规参数"卷展栏:

　　1)"启用":启用和禁用灯光。

　　2)"阴影"组:

　　"启用":决定当前灯光是否投影阴影。默认设置为启用。

　　"使用全局设置":启用此选项以使用该灯光投影阴影的全局设置。

　　"阴影类型"下拉列表:决定渲染器是否使用"高级光线跟踪阴影"、"mental ray 阴影贴图"、"区域阴影"、"阴影贴图"或"光线跟踪阴影"的阴影投影方式。

　　①"高级光线跟踪阴影":高级光线跟踪阴影与光线跟踪阴影相似;但是它对阴影具有较强的控制能力,在"优化"卷展栏中可使用其他控件。使用高级光线跟踪阴影可以穿过透明或半透明物体投射阴影,而且使用这种阴影方式可以占用较少的内存。

　　②"mental ray 阴影贴图":这种类型的阴影能够产生更真实的阴影效果,但是扫描线渲染器不支持"mental ray 阴影贴图"阴影,它必须与 mental ray 渲染器一起使用。

　　③"区域阴影":可以应用于任何灯光类型以实现区域阴影的效果。越靠近物体的阴影越清晰,反之越模糊,如图8-24所示。

图 8-24　区域阴影效果

④"阴影贴图"：这种阴影方式能够产生较柔和的阴影，渲染速度最快，会占用较大的内存空间，并且不能穿过透明或半透明物体投射阴影。

⑤"光线跟踪阴影"：阴影效果是跟踪从光源发射出来的光线路径产生的，生成的阴影准确并且边缘清晰，如图8-25所示。能穿过透明或半透明物体投射阴影。

3）"排除"按钮：将选定对象排除于灯光效果之外。单击此按钮可以显示"排除/包含"对话框，在对话框中可以选择排除或包含被选择对象的照明、阴影或两者兼有，如图8-26～图8-29所示为同一对象的照明、阴影和二者的排除效果。被排除的对象仍在着色视口中被照亮，只有当渲染场景时排除才起作用。

图 8-25　光线跟踪阴影示意

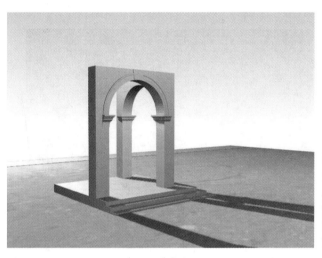

图 8-26　排除前

图 8-27　排除照明

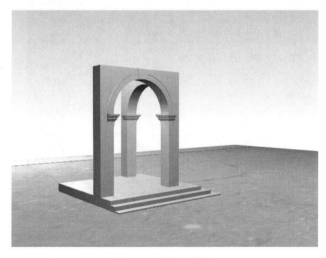

图 8-28　排除阴影图

图 8-29　排除照明和阴影

（3）"强度/颜色/衰减"卷展栏：

1）倍增：调整倍增数值框可以使灯光的强度增强或减弱，负的"倍增"值导致"黑色灯光"，即灯光使对象变暗而不是使对象变亮。如图8-30～图8-32所示分别为倍增值为1、3、-3时的效果。倍增数值框右侧的颜色样例显示灯光的颜色。单击该色样将显示颜色选择器，用于灯光的颜色的选择。如图8-33～图8-35所示为不同颜色灯光照射下的场景效果。

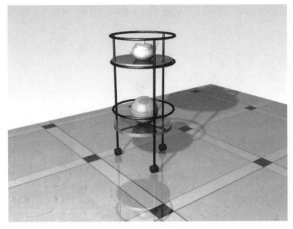

图 8-30　倍增值为 1

图 8-31　倍增值为 3

图 8-32　倍增值为 -3

图 8-33　白色默认灯光

图 8-34　橘黄色灯光

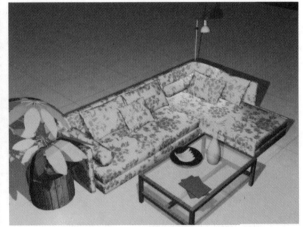

图 8-35　绿色灯光

　　2）"近距衰退"组：默认情况下，"近距开始"为深蓝色，并且"近距结束"为浅蓝色，如图 8-36 所示。

　　① "开始"：设置灯光开始淡入的距离。

　　② "结束"：设置灯光达到其全值的距离。

　　③ "使用"：启用灯光的近距衰减。

　　④ "显示"：在视口中显示近距衰减范围设置。

3）"远距衰减"组：默认情况下，"远距开始"为浅棕色，并且"远距结束"为深棕色，如图8-37所示。

①"开始"：设置灯光开始淡出的距离。

②"结束"：设置灯光减为 0 的距离。

③"使用"：启用灯光的远距衰减。

④"显示"：在视口中显示远距衰减范围设置。

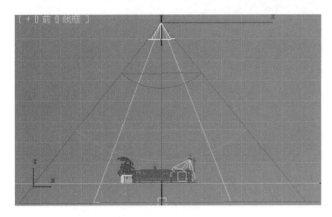

图 8-36　近距衰减

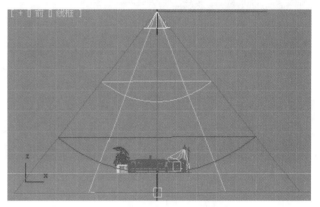

图 8-37　远距衰减

（4）"阴影参数"卷展栏：

1）"对象阴影"组：

①"颜色"：显示颜色选择器以便选择此灯光投影的阴影的颜色。默认颜色为黑色。

②"密度"：调整阴影的密度；如图8-38所示，阴影密度逐渐增加。增加密度值可以使阴影变暗；反之会使阴影变浅。默认设置为 1.0。

③"贴图"复选框：启用该复选框可以使用"贴图"按钮指定的贴图。

④"贴图"按钮：将贴图指定给阴影，如图8-39和图8-40所示为指定阴影贴图前后的效果。

图 8-38　不同的阴影密度

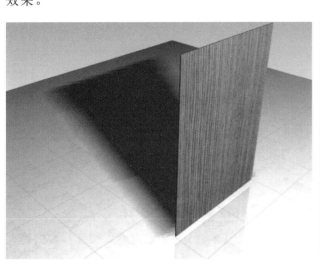

图 8-39　未指定贴图的阴影

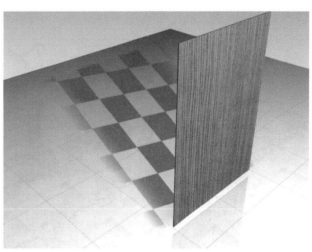

图 8-40　指定棋盘格贴图的阴影

⑤ "灯光影响阴影颜色"：启用此选项后，将灯光颜色与阴影颜色混合起来。如图8-41和图8-42所示为启用该选项前后的效果。

图8-41 灯光未影响阴影颜色

图8-42 灯光影响阴影颜色

2）"大气阴影"组：

① "启用"：启用此选项后，大气效果如灯光穿过它们一样投影阴影，如图8-43所示。

② "不透明度"：调整阴影的不透明度。此值为百分比。

③ "颜色量"调整大气颜色与阴影颜色混合的量。此值为百分比。

（5）"阴影贴图参数"卷展栏：当已选择阴影贴图作为灯光的阴影生成方式时，显示"阴影贴图参数"卷展栏。

1）"偏移"：阴影偏移是将阴影移向或移离投射阴影的对象。如图8-44所示为阴影偏移前后效果对比。

2）"大小"：设置用于计算灯光的阴影贴图

图8-43 大气阴影

的大小（以像素平方为单位）。数值越大，阴影越精细，如图8-45所示为不同数值阴影精细度的对比。

图8-44 阴影偏移

图8-45 阴影不同精细度

3）"采样范围"：采样范围决定阴影内平均有多少区域。这将影响阴影边缘的柔和程度，数值越大阴影越柔和。如图8-46所示为不同"采样范围"值的阴影边缘。

4）"绝对贴图偏移"：启用此选项后，阴影贴图的偏移按3ds max 2011的当前设置单位进行。

5）"双面阴影"：启用此选项后，计算阴影时背面将不被忽略。如图 8-47 所示为双面阴影效果示意。

图 8-46　采样范围影响阴影平滑效果　　　　图 8-47　双面阴影效果

2．聚光灯

聚光灯有明显的方向，所以常用来模拟具有方向性的光源效果。聚光灯分为 3 种，分别是目标聚光灯、自由聚光灯和 mr 聚光灯。

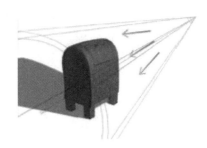

（1）目标聚光灯。聚光灯是一束从光源发出的有方向性的灯光，它像闪光灯一样投影聚焦的光束，如图 8-48 所示为聚光灯投射示意图。目标聚光灯由光源投射点和目标点构成，如图 8-49 所示，投射点和目标点都可以分别进行移动等操作。聚光灯的投射和衰减范围呈锥形，可以产生锥形光柱投射效果，如图 8-50 所示。聚光灯的"参数"含义与泛光灯相同。

图 8-48　聚光灯投射示意图

（2）自由聚光灯。自由聚光灯常用于动画设计，用来模拟移动的光束效果，例如夜间行驶的汽车的车灯。自由聚光灯没有目标点，要想改变灯光的投射方向只能借助旋转工具。

（3）mr 聚光灯。mr 聚光灯的属性与目标聚光灯相同，只是它要在 mental ray 渲染器下使用。

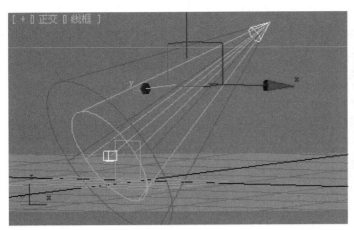

图 8-49　投射点和目标点

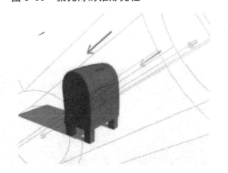

图 8-50　聚光灯的锥形光柱

3．平行光

平行光也具有明显的方向性，与聚光灯不同的是它的投射类似圆柱型的光柱，如图 8-51 所示为平行光的投射示意图。目标平行光由投射点和目标点组成，如图 8-52 所示。自由平行光没有目标点，如图 8-53 所示。

图 8-51　平行光投射示意图

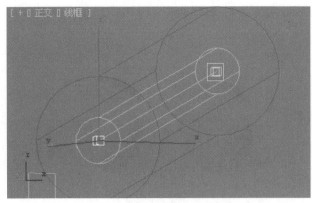

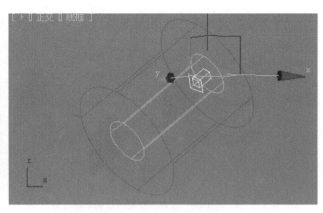

图 8-52　目标平行光　　　　　　　　　　　　　　　　图 8-53　自由平行光

4. 天光

"天光"对象是一个简单的辅助对象，它是用来模拟天空中太阳光的散射而产生的一种光效。天光总是发自"空中"，它的位置和距离对场景对象没有影响。这种光源用在建筑效果图表现中，能够得到较好的场景光照效果。如图 8-54 所示为天光反射示意图，图 8-55 为利用天光渲染的模型。

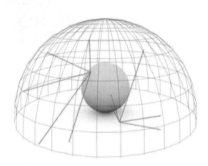

图 8-54　天光反射示意图　　　　　　　　　图 8-55　利用天光渲染的模型

8.2.2　光度学灯光

当使用光度学灯光时，3ds max 对光线通过环境的传播提供基于物理的模拟。这样做的结果是不仅实现了非常逼真的渲染效果，而且也准确测量了场景中的光线分布。这种光线的测量称为光度学。

光度学灯光使用光度学（光能）值，通过这些值可以更精确地定义灯光，就像在真实世界一样。您可以创建具有各种分布和颜色特性的灯光，或导入照明制造商提供的特定光度学文件。光度学灯光创建面板提供了 3 种光度学灯光对象：目标灯光、自由灯光、mr Sky 门户。

目标灯光可以用于指向灯光的目标子对象，如图 8-56 所示。自由灯光没有目标子对象，如图 8-57 所示。

mr（mental ray）Sky 门户对象提供了一种"聚集"内部场景中的现有天空照明的有效方法。实际上，门户就是一个区域灯光，从环境中导出其亮度和颜色。为使 mr Sky 门户正确工作，场景必须包含天光组件。此组件可以是 IES 天光、mr 天光，也可以是天光，并且确保 mental ray 为活动产品级渲染器。

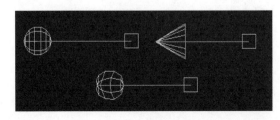

图 8-56　目标灯光　　　　　　　　　　　　　　　图 8-57　自由灯光

1. 光度学灯光的分布方式

选择光度学灯光的分布方式可以为灯光的生成方式和安装方式建模。具有四个选项：统一球形、统一漫射、聚光灯和光度学 Web。

（1）统一球形。统一球形分布，可在各个方向上均匀投射灯光，如图 8-58 所示为统一球形灯光分布示意图。

（2）统一漫射。统一漫反射分布仅在半球体中投射漫反射灯光，就如同从某个表面发射灯光一样。如图 8-59 所示为统一漫射灯光分布示意图。

（3）聚光灯。聚光灯分布像闪光灯一样投影聚焦的光束，灯光的光束角度控制光束的主强度，区域角度控制光在主光束之外的"散落"。如图 8-60 所示为光度学聚光灯灯光分布示意图。

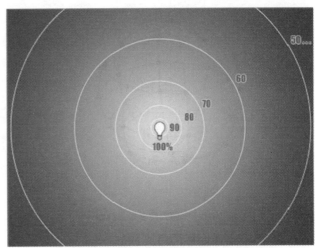

图 8-58　统一球形

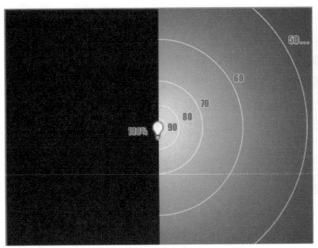

图 8-59　统一漫射

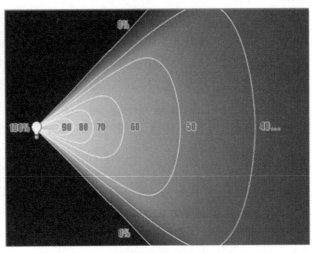

图 8-60　聚光灯

（4）光度学 Web。光度学 Web 分布使用光域网定义分布灯光。光域网是光源的灯光强度分布的 3D 表示。Web 定义存储在文件中。许多照明制造商可以提供为其产品建模的 Web 文件，如图 8-61 所示为光度学 Web 分布示意图。

光域网是灯光分布的三维表示。它可以同时表达垂直和水平角度上的发光强度。光域网的中心表示灯光对象的中心。如图 8-62 和图 8-63 所示为光域网统一球形分布和椭圆形分布示意图。

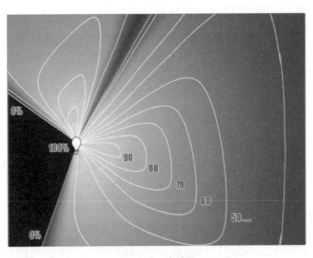

图 8-61　光域网

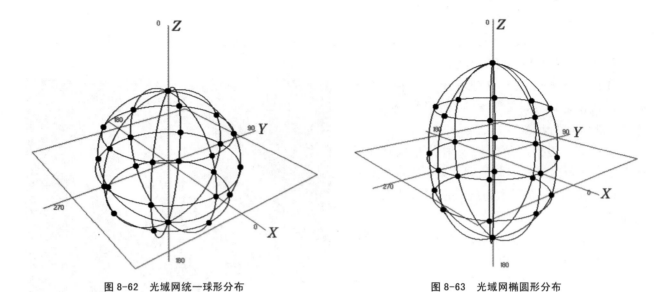

图 8-62　光域网统一球形分布　　　　　　　图 8-63　光域网椭圆形分布

2．用于生成阴影的灯光图形

灯光图形会影响对象投影阴影的方式。通常，较大区域的投影阴影较柔和。系统所提供的 6 个选项如下：

（1）点：对象投影阴影时，如同几何点（如裸灯泡）在发射灯光一样。

（2）线形：对象投影阴影时，如同线形（如荧光灯）在发射灯光一样。

（3）矩形：对象投影阴影时，如同矩形区域（如天光）在发射灯光一样。

（4）圆形：对象投影阴影时，如同圆形（如圆形舷窗）在发射灯光一样。

（5）球体：对象投影阴影时，如同球体（如球形照明器材）在发射灯光一样。

（6）圆柱体：对象投影阴影时，如同圆柱体（如管形照明器材）在发射灯光一样。

课后任务

1．为场景添加摄影机

（1）打开 3ds max 场景文件"第 8 章 / 源文件 / 摄影机测试 .max"，在顶视图创建"目标"摄影机，在顶视图和前视图调整摄影机到如图 8-64 和图 8-65 所示位置。激活透视图，点击视图左上角的视图名称，在下拉列表中选择"摄影机 /camera01"，或选中摄影机（不选目标点），在英文输入状态下按 C 键，将透视图转换为摄影机视图，如图 8-66 所示。

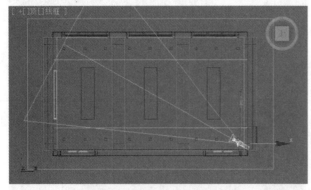

图 8-64　摄影机 01 在顶视图位置

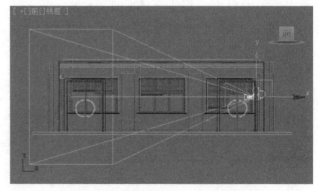

图 8-65　摄影机 01 在前视图位置

（2）创建目标摄影机"camera02"，在顶视图和前视图调整摄影机到如图 8-67 和图 8-68 所示位置。

建筑装饰

3ds max

选择摄影机 02（不选目标点），打开修改命令面板在"参数"卷展栏设置"剪切平面"的近距剪切和远距剪切距离，如图 8-69 所示。摄影机 02 在顶视图位置如图 8-70 所示。将视图转换为 camera02 摄影机视图，效果如图 8-71 所示。摄影机剪切后，场景空间被最大化显示，这个设置在以后的室内空间表现操作中会经常使用，需要重点掌握。

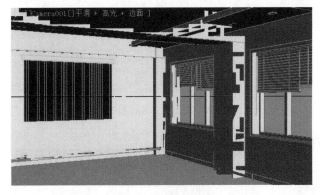

图 8-66　摄影机视图

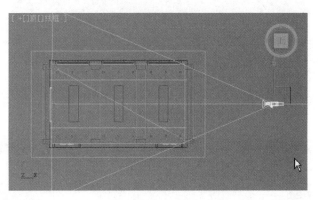

图 8-67　摄影机 02 在顶视图位置

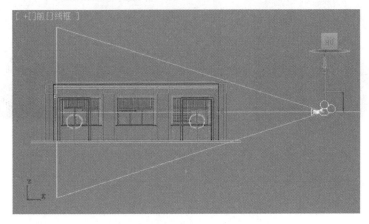

图 8-68　摄影机 02 在前视图位置

图 8-69　摄影机 02 剪切平面参数

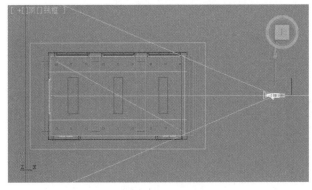

图 8-70　摄影机 02 剪切平面位置

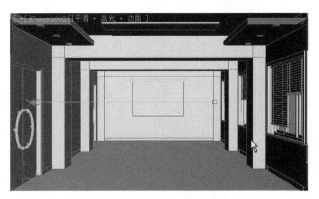

图 8-71　摄影机剪切透视效果

2. 为场景设置简单灯光环境

（1）在上面的摄影机测试 .max 文件场景中添加两盏泛光灯，泛光灯在顶视图和左视图位置如图 8-72 和图 8-73 所示。透视图预览效果如图 8-74 所示。

（2）激活摄影机视图，按 shift+Q 组合键或 F9 键快速渲染，效果如图 8-75 所示。这是一种快速为场景创建辅助灯光的方法，以方便建模过程在透视图中的预览，不是最终的场景灯光布置方法。

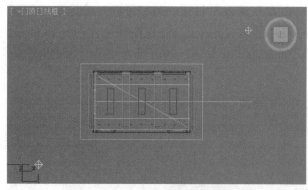

图 8-72　泛光灯在顶视图的位置

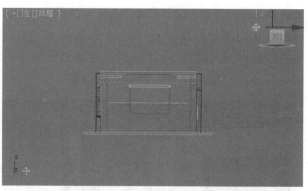

图 8-73　泛光灯在左视图的位置

图 8-74　创建灯光后透视图效果

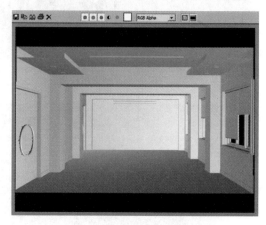

图 8-75　创建泛光灯渲染效果

第9章
场景渲染

使用"渲染"可以基于 3D 场景创建 2D 图像或动画。从而可以使用所设置的灯光、所应用的材质及环境设置为场景的几何体着色。

3ds max 场景的渲染有很多种途径，这里我们着重讲解使用渲染插件 V-Ray 渲染器的流程和方法。

9.1　V-Ray渲染器简介

V-Ray 是由著名的 3ds max 的插件提供商 Chaos group 推出的一款较小，但功能却十分强大的渲染器插件。V-Ray 是目前最优秀的渲染插件之一，尤其在室内外效果图制作中，V-Ray 几乎可以称得上是速度最快、渲染效果极好的渲染软件精品。随着 V-Ray 的不断升级和完善，在越来越多的效果图实例中向人们证实了自己强大的功能。

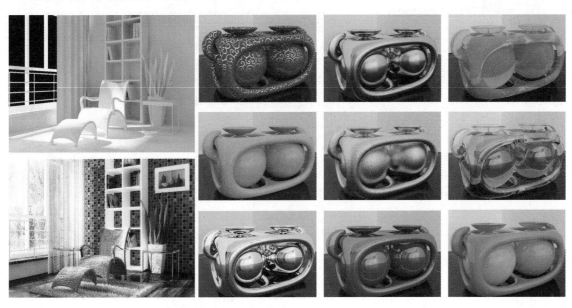

V-Ray 主要用于渲染一些特殊的效果，如次表面散射、光迹追踪、焦散、全局照明等。可用于建筑设计、灯光设计、展示设计、动画渲染等多个领域。

9.2　V-Ray渲染器的指定

V-Ray 渲染器程序安装完成后，必须将它指定为当前渲染器才能启用渲染。下面是 V-Ray 渲染器的指定步骤：

（1）点击"渲染设置"按钮" "，或按 F10 键，调出"渲染设置"面板，如图 9-1 所示。

（2）向上推动"渲染设置"面板，点击"指定渲染器"卷展栏将其展开，如图9-2所示。

图9-1　渲染设置面板

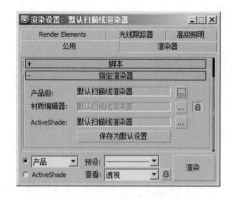

图9-2　指定渲染器卷展栏

（3）点击"产品级"后的"选择渲染器"按钮"▦"，将弹出"选择渲染器"列表，如果V-Ray渲染器程序正确安装，V-Ray渲染器将出现在列表中，如图9-3所示。

（4）点击选择列表中的"V-Ray Adv1.5.SP4"，点击面板下方的"确定"按钮，V-Ray渲染器替代了默认线性扫描渲染器，出现在渲染设置面板的"指定渲染器"卷展栏中，即完成了V-Ray渲染器的指定操作，如图9-4所示。点击" 保存为默认设置 "按钮，将V-Ray渲染器指定为每次打开软件的默认渲染器。确定将材质编辑器锁定到当前渲染器按钮"▣"激活，以确保材质编辑器与渲染器一致。

图9-3　渲染器列表

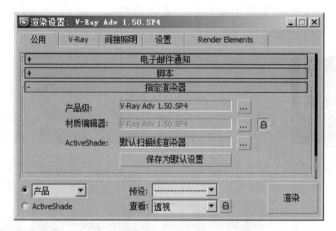

图9-4　完成渲染器指定

9.3　V-Ray渲染器嵌入后软件系统的变化

V-Ray渲染插件嵌入后，3ds max系统在渲染设置、材质、贴图以及集成的创建对象等方面都发生了很大变化。

（1）渲染设置变化。点击F10键打开"渲染设置"面板，V-Ray"渲染设置"面板由5个选项卡组成，如图9-5所示，每个选项卡下包含不同的卷展栏，里面所有参数都是为场景的渲染设置的。

（2）材质类型变化。点击材质编辑器的"材质类型"按钮，打开"材质/贴图浏览器"，在材质卷展栏中增加了一组V-Ray材质，展开后可以发现都是V-Ray的自带材质，如图9-6所示，这些材质为提高渲染计算速度和优化材质质感起到重要作用。

（3）贴图类型变化。点击"任意贴图通道"，打开"材质/贴图浏览器"，在贴图卷展栏中的标准贴图类型中增加了V-Ray自带的贴图类型，如图9-7所示。

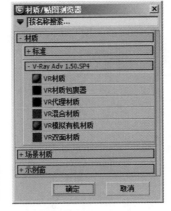

图 9-5　V-Ray "渲染设置" 面板　　　　图 9-6　新增材质类型　　　　图 9-7　新增贴图类型

（4）新增 V-Ray 对象。在创建命令面板的创建对象类型下拉菜单中选择 V-Ray，打开 V-Ray 对象类型，如图 9-8 所示。

（5）新增 V-Ray 灯光。在创建命令面板的创建灯光类型下拉菜单中选择 V-Ray，打开 V-Ray 灯光对象类型，如图 9-9 所示。

（6）新增 V-Ray 摄影机。在创建命令面板的创建摄影机类型下拉菜单中选择 V-Ray，打开 V-Ray 摄影机对象类型，如图 9-10 所示。

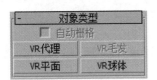
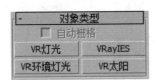

图 9-8　新增 V-Ray 对象　　　　图 9-9　新增 V-Ray 灯光类型　　　　图 9-10　新增 V-Ray 摄影机

9.4　V-Ray 渲染器的工作流程及测试渲染参数

为了使后面章节的内容学习起来更有针对性，我们先来简要演示一下 V-Ray 的常用工作流程。

1. 打开场景文件

打开 "第 9 章 / 源文件 / 场景文件 / 流程演示场景 .max"，将渲染器指定为 V-Ray 渲染器类型。

2. 设置材质

（1）选择一个材质球，修改材质名称为 "乳胶漆"，点击 "材质类型" 按钮，选择 V-Ray 材质类型。

（2）将乳胶漆材质球的漫反射颜色调整为白色并指定给场景中的墙面和顶面

（3）选择第二个材质球，修改材质名称为 "地板"，指定为 V-Ray 材质类型，在地板材质球的漫反射贴图通道加载贴图：第 9 章 / 源文件 / 贴图 / 瓷砖 .jpg，修改材质参数如图 9-11 所示。将地板材质球指定给场景中的地面。

（4）选择场景中的地面，在修改命令面板选择 "uvw 贴图" 修改命令，贴图坐标默认为 "平面" 类型，设置贴图坐标尺寸长度和宽度均为 800mm，如图 9-12 所示。

（5）选择第三个材质球，修改材质名称为 "混油" 修改材质参数如图 9-13 所示。将混油材质球指定给场景中的门套及窗套。

（6）为场景的主席台墙面加载一张贴图：第 9 章 / 源文件 / 贴图 / 墙面壁纸 .jpg，调整墙面贴图坐标。

3. 布置场景灯光

（1）删除场景中的两盏辅助泛光灯，在前视图窗口外创建 V-Ray 面光源，如图 9-14 所示，面光源的位置和方向在顶视图中如图 9-15 所示。选中面光源，点击修改命令面板，调整面光源参数如图 9-16 所示。在选项参数组勾选"不可见"，如图 9-17 所示。

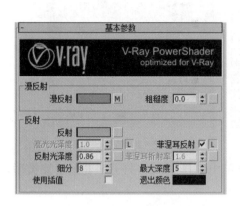

图 9-11 "地板"材质参数

图 9-12 调整地板贴图坐标

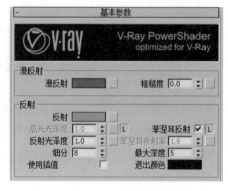

图 9-13 "混油"材质参数

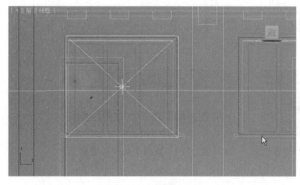

图 9-14 创建面光源

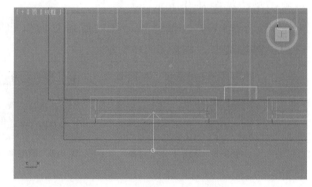

图 9-15 光源在顶视图的位置

（2）复制面光源，位置如图 9-18 所示，调整新复制的光源参数如图 9-19 所示，其他参数与第一盏光源相同。

图 9-16 面光源参数

图 9-17 面光源参数

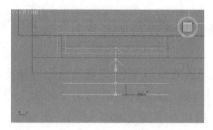

图 9-18 复制面光源

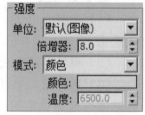

图 9-19 设置光源参数

（3）同时复制两盏光源到其他 3 个窗口，如图 9-20 所示。光源的种类很多，不同场景、不同的表现需要布光的方法也不一样。

4. 设置测试渲染参数

为提高渲染速度，节约预览时间，我们把渲染参数适当降低。

（1）打开"渲染设置"面板，选择 V-Ray 选项卡，展开"帧缓冲区"卷展栏，勾选"启用内置帧缓冲区"选项，取消"从 max 获取分辨率"的勾选，将分辨率设为 640×480，如图 9-21 所示。

（2）展开"全局开关"卷展栏，在"照明"参数组中关闭默认灯光，如图 9-22 所示。

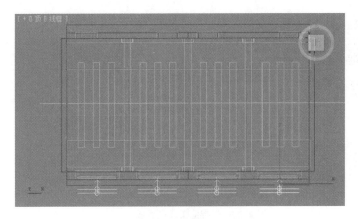

图 9-20 复制灯光

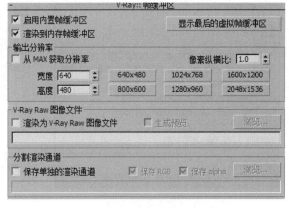

图 9-21 设置"帧缓冲区"

（3）展开"图像采样器"卷展栏，将图像采样器类型改为"固定"，关闭"抗锯齿过滤器"，如图 9-23 所示。

（4）展开"颜色贴图"卷展栏，将颜色贴图类型由"线性倍增"改为"指数"，如图 9-24 所示。

图 9-22 照明设置

图 9-23 "图像采样器"参数

图 9-24 "颜色贴图"卷展栏设置

（5）选择"间接照明"选项卡，勾选"开"打开间接照明，将"二次反弹"的"全局光照引擎"设为"灯光缓存"，如图 9-25 所示。

（6）展开"发光图"卷展栏，将"内建预置"的"当前预设"改为"非常低"。将"基本参数"的"半球细分"值改为"30"，勾选"选项"中的"显示计算相位"和"显示直接光"，如图 9-26 所示。

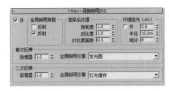

图 9-25 "间接照明"卷展栏设置

图 9-26 "发光图"卷展栏设置

图 9-27 "灯光缓存"卷展栏

（7）展开"灯光缓存"卷展栏，将"计算参数"的"细分"值改为"100"，勾选"显示计算相位"，如图 9-27 所示。

5．快速渲染场景

快速渲染场景效果如图 9-28 所示，完成 V-Ray 渲染操作流程。在最后出图阶段要提高图像质量，需要进行出图参数设置，在后面将做详细讲解。

6．渲染预设

可以将渲染参数设置保存为预设文件，方便随时调用。测试渲染设置完成后，单击"渲染设置"面板下方的"预设"列表，在下拉列表中选择"保存预设"，如图 9-29 所示。弹出"保存预设"面板，为要保存的预设文件设置文件名称进行保存，如图 9-30 所示，这个文件可以通过"加载预设"操作随时调用。

图 9-28 场景测试渲染效果

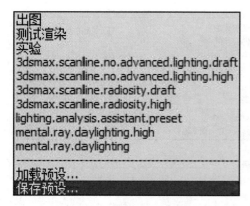

图 9-29 "渲染预设"列表

图 9-30 保存渲染预设面板

9.5 V-Ray灯光照明

1. V-Ray 灯光参数

在场景中创建 V-Ray 灯光，单击"修改命令"面板调出"灯光参数"控制区，如图 9-31 所示。

（1）常规参数组。

1）［开］：打开或关闭 V-Ray 灯光。

2）［排除］：排除灯光照射的对象。

3）［类型］。① 平面：当这种类型的光源被选中时，V-Ray 光源具有平面的形状；② 球体：当这种类型的光源被选中时，V-Ray 光源是球形的；③ 穹形：当这种类型的光源被选中时，V-Ray 光源是穹顶状的，可模型天空的效果。

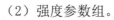

图 9-31 灯光参数

（2）强度参数组。

1）［颜色］：控制由 V-Ray 光源发出的光线的颜色。

2）［倍增器］：控制 V-Ray 光源的强度。

（3）大小参数组

1）半长：光源的 U 向尺寸（如果选择球形光源，该尺寸为球体的半径）。

2）半宽：光源的 V 向尺寸（当选择球形光源时，该选项无效）。

3）W 尺寸：光源的 W 向尺寸（当选择球形光源时，该选项无效）。

（4）选项参数组。

1）［投射阴影］：控制灯光是否投射阴影。

2）［双面］：当 V-Ray 灯光为平面光源时，该选项控制光线是否从面光源的两个面发射出来（当选择球面光源时，该选项无效）。

3）［不可见］：该设定控制 V-Ray 光源体的形状是否在最终渲染场景中显示出来。当该选项打开时，发光体不可见，当该选项关闭时，V-Ray 光源体会以当前光线的颜色渲染出来。

4）［忽略灯光法线］：当一个被追踪的光线照射到光源上时，该选项让你控制 V-Ray 计算发光的方法。对于模拟真实世界的光线，该选项应当关闭，但是当该选项打开时，渲染的结果更加平滑。

5）［不衰减］：当该选项选中时，V-Ray 所产生的光将不会随距离而衰减。否则，光线将随着距离而衰减（这是真实世界灯光的衰减方式）。

6）［影响漫反射］：控制灯光是否影响物体的漫反射，一般是打开的。

7）［影响高光反射］：控制灯光是否影响物体的高光反射，一般是打开的。

8）［影响反射］：控制灯光是否影响物体的反射，一般是打开的。

（5）采样参数组。

1）［细分］：该值控制 V-Ray 用于计算照明的采样点的数量，值越大，阴影越细腻，渲染时间越长。

2）［阴影偏移］：控制阴影的偏移值。

2. V-Ray 阴影

V-Ray 支持面阴影，在使用 V-Ray 透明折射贴图时，V-Ray 阴影是必须使用的。同时用 V-Ray 阴影产生的模糊阴影的计算速度要比其他类型的阴影速度快。

创建并选择目标平行光，在修改命令面板启用 V-Ray 阴影，如图 9-32 所示。展开 V-Ray 阴影参数卷展栏，如图 9-33 所示。

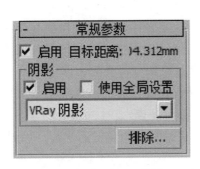

图 9-32　启用 V-Ray 阴影

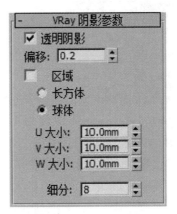

图 9-33　V-Ray 阴影参数

（1）［透明阴影］：当物体的阴影是由一个透明物体产生的时，该选项十分有用。当打开该选项时，V-Ray 会忽略 max 的物体阴影参数（颜色、密度、贴图），此时来看透明物体的阴影颜色将是正确的。取消选择该复选框后，将考虑灯光中物体参数的设置，但是来自透明物体的阴影颜色也将变成单色。

（2）［偏移］：某一给定点的光线追踪阴影偏移。

（3）［区域阴影］：打开或关闭面阴影。

（4）［长方体］：V-Ray 计算阴影时，假定光线是由一个立方体发出的。

（5）［球体］：V-Ray 计算阴影时，假定光线是由一个球体发出的。

（6）［U 尺寸］：当计算面阴影时，光源的 U 尺寸。（如果光源是球形的话，该尺寸等于该球形的半径）

（7）［V 尺寸］：当计算面阴影时，光源的 V 尺寸。（如果选择球形光源的话，该选项无效）

（8）［W 尺寸］：当计算面阴影时，光源的 W 尺寸。（如果选择球形光源的话，该选项无效）

（9）［细分］：该值用于控制 V-Ray 在计算某一点的阴影时，采样点的数量。

9.6　VR材质

VR 材质是 V-Ray 渲染系统的专用材质。使用这个材质能在场景中得到更好地和正确的照明（能量分布），更快的渲染、更方便控制的反射和折射参数。在 VR 材质里你能够应用不同的纹理贴图，更好地控制反射和折射，添加凹凸贴图和置换。

选择任意材质球，指定为 VR 材质类型，基本参数卷展栏如图 9-34 所示。

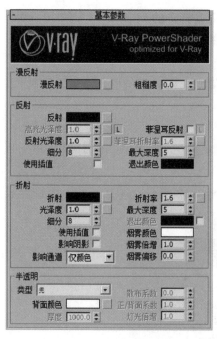

图 9-34　VR 材质基本参数

1. 漫反射

材质的漫反射颜色。可以在后面的快速贴图通道凹槽里加载贴图替换漫反射颜色。

2. 反射参数组

（1）反射：通过颜色的明度来控制反射的强度倍增，通过颜色的色相来控制反射的颜色。可以在后面的快速贴图通道凹槽里加载贴图替换反射颜色样块，反射的强度将由贴图纹理的明度分布决定，反射的颜色将由贴图的纹理颜色决定。

（2）高光光泽度：控制高光范围的大小，值越小高光范围越大，需要设置时可以点击后面的"L"按钮解锁。

（3）反射光泽度：材质表面的光泽度大小，值为 0.0 意味着得到非常模糊的反射效果。值为 1.0 时将产生非常明显的完全反射。数值越低，模糊效果越强烈，渲染时间也会越长。

（4）细分：控制光线的数量，作出有光泽的反射估算，可以理解为光泽模糊的细化程度，细分值越高渲染时间越长，当光泽度值为 1.0 时，这个细分值会失去作用。

（5）菲涅尔反射：当这个选项打开时，反射将具有真实世界的玻璃反射。当表现反射效果的同时也要表现表面颜色和纹理时，通常打开这个选项，例如青花瓷。

（6）最大深度：反射光线跟踪贴图的最大深度，可以理解为反射的次数，如图 9-35 所示为反射深度的示意。

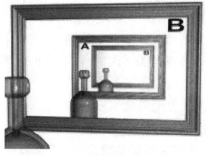

图 9-35　不同的光线跟踪深度

3. 折射参数组

（1）折射：通过颜色的明度来控制折射的强度倍增。可以在后面的快速贴图通道凹槽里加载贴图替换折射颜色样块，折射的强度将由贴图纹理的明度决定。

（2）光泽度：这个值表示材质的光泽度大小。值为 0.0 意味着得到非常模糊的折射，类似于磨砂玻璃的效果。值为 1.0 时将产生非常明显的完全折射，类似于清玻璃的效果。数值越低，模糊效果越强烈，渲染时间也会越长。

（3）细分：控制光线的数量，作出有光泽的折射估算。可以理解为折射模糊的细化程度，细分值越高渲染时间越长，当光泽度值为 1.0 时，这个细分值会失去作用。

（4）折射率：这个值设置材质的折射率，模拟透明物质的折射效果，折射率与透明物质的密度有关，例如水的折射率 1.33，钻石的折射率 2.4，玻璃的折射率 1.66 等。

（5）最大深度：用来控制反射最多次数。

（6）烟雾颜色：控制透明材质的颜色，这个值很敏感。

（7）烟雾倍增：透明材质的颜色倍增器。较小的值产生更淡的颜色。

（8）影响阴影：用于控制透明物体产生透明阴影，透明阴影的颜色取决于折射材质颜色，决定光是否能穿过透明材质。

9.7 VR灯光/材质参数测试

1. 创建场景

（1）在顶视图创建长方体，参数如图9-36所示，长方体在透视图效果如图9-37所示。

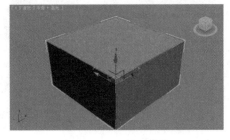

图9-36 长方体参数　　　　　　图9-37 长方体透视图

（2）加载"法线"修改命令，使长方体法线反转，如图9-38所示。

（3）创建摄影机，调整视图，如图9-39所示。

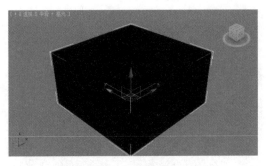

图9-38 长方体法线反转　　　　　　图9-39 摄影机视图

（4）加载"编辑网格"修改命令，选择"多边形"子物体层级，选择长方体下面的面，在"编辑几何体"卷展栏选择"分离"按钮，将选择的多边形分离开。为新分离的平面指定VR材质球，命名为"地板"，为地板材质球指定贴图："第9章／源文件／贴图／马赛克.jpg"调整贴图坐标，效果如图9-40所示。

（5）同样方法，分离另一面墙体，加载壁纸贴图（第9章／源文件／贴图／壁纸2.jpg）的VR材质球，剩余一面墙体加载VR材质球，漫反射调为白色，效果如图9-41所示。

图9-40 地板贴图效果　　　　　　图9-41 加载贴图效果

2. VR灯光参数测试

（1）在"渲染设置"面板点击"预设"后面的下拉列表，选择预先保存的"测试渲染"文件，调出测试渲染参数，如图 9-42 所示。如果没有保存测试渲染文件，可以按照以前章节的讲解重新设置测试渲染参数。

（2）在场景中创建 VR 灯光，渲染后效果如图 9-43 所示。我们发现默认条件下 VR 平面光源像一个单面的发光体，默认倍增值为 30，调整光源的倍增值为 10，渲染后我们发现光源的亮度降低，如图 9-44 所示。

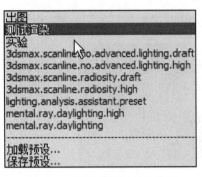

图 9-42　调用"测试渲染"设置

图 9-43　VR 灯光效果

（3）调整光源的颜色，渲染后发现光源的颜色被更改，效果如图 9-45 所示。

（4）增加光源的长和宽，渲染后发现光源的强度增加，效果如图 9-46 所示。

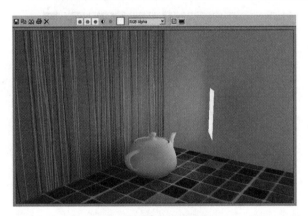

图 9-44　降低光源倍增值

图 9-45　更改光源颜色

（5）勾选"选项"参数组的"双面"，渲染后发现面光源双向发光，如图 9-47 所示。

（6）勾选"选项"参数组的"不可见"，渲染后发现光源的发光体没有被渲染，光源亮度不变，如图 9-48 所示。

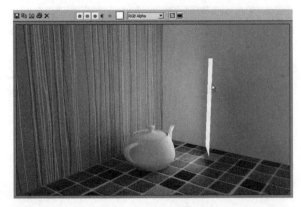

图 9-46　更改光源尺寸

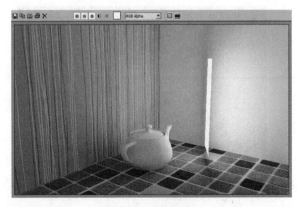

图 9-47　双面发光

（7）将光源的类型改为"球体"渲染后发现光源变为球形发光体，如图9-49所示。

图9-48　光源不可见

图9-49　球形光源

3. VR 材质参数测试

（1）为场景布置灯光如图9-50所示。灯光002倍增值为13，颜色为蓝色。灯光001倍增值为25，颜色为暖黄色。调整摄影机角度，渲染后效果如图9-51所示。

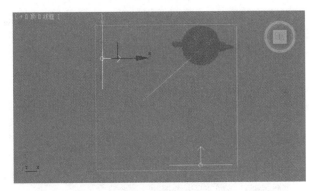

图9-50　场景灯光布局

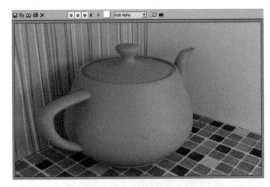

图9-51　布置灯光后效果

（2）将茶壶指定VR材质球，设置材质球漫反射颜色为绿色，渲染效果如图9-52所示。调整漫反射颜色会改变物体自身颜色。

（3）将漫反射颜色调为黑色，将反射颜色的明度设为100，渲染后如图9-53所示。

图9-52　设置漫反射颜色

图9-53　反射值为100

（4）将反射颜色的明度设为250，渲染后如图9-54所示。反射强度随颜色样块的明度提高而加强。

（5）将反射颜色样块调为黄铜色，渲染后如图9-55所示。反射颜色样块的颜色决定反射的颜色。

图 9-54 反射值为 250

图 9-55 增加反射颜色

（6）调整"反射光泽度"数值为 0.85，渲染后如图 9-56 所示。数值越小，表面反射越模糊，渲染速度变慢。

（7）将漫反射颜色调为深褐色，反射颜色调为 255，勾选"菲涅尔反射"，渲染后如图 9-57 所示。茶壶表面表现出光亮的陶瓷效果。

图 9-56 调整反射光色度

图 9-57 菲涅尔反射

（8）漫反射颜色设为白色，去除材质的反射效果，将折射颜色样块明度调整为 250，渲染后效果如图 9-58 所示，茶壶出现透明效果。透明效果随折射样块明度的提高而增强。

（9）设置折射光泽度数值为 0.9，渲染后效果如图 9-59 所示，茶壶出现类似磨砂玻璃的模糊效果。

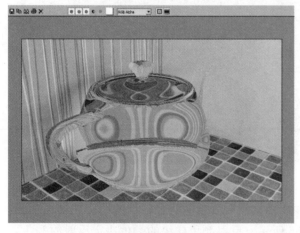

图 9-58 折射效果

图 9-59 折射模糊

（10）将"烟雾颜色"调为蓝色，饱和度调为 6，如图 9-60 所示，渲染后效果如图 9-61 所示。

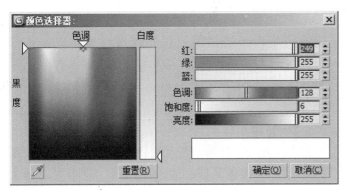

图 9-60　烟雾颜色

图 9-61　烟雾效果

9.8　常用材质的制作

1. 亮面不锈钢

（1）调整场景，调用一组曲面丰富的模型，如图 9-62 所示。

（2）为模型指定 VR 材质球，将材质球的漫反射颜色调为 0，反射颜色调为 255，渲染后效果如图 9-63 所示。

图 9-62　调用模型

图 9-63　不锈钢

2. 钛金

将材质球的漫反射颜色调为 0，反射颜色调为钛金色，渲染后效果如图 9-64 所示。

3. 哑面不锈钢

将亮面不锈钢的反射光泽度设为 0.85，渲染后效果如图 9-65 所示。

图 9-64　钛金

图 9-65　哑面不锈钢

图9-66　拉丝不锈钢

4.拉丝不锈钢

将哑面不锈钢的反射光泽度设为0.80，在凹凸贴图通道加载贴图："第9章／源文件／贴图／拉丝.jpg"，凹凸数值设为500，渲染后效果如图9-66所示。

5.亮面木材

（1）将VR材质的漫反射加载"衰减"贴图，在衰减贴图的黑色区域加载位图贴图："第9章／源文件／贴图／木材.jpg"。

（2）将衰减贴图黑色区域的贴图复制到白色区域的贴图通道，将白色样块颜色调为接近木纹的褐色，将贴图的数量设置为30，如图9-67所示。

（3）将反射加贴图通道载贴图："第9章／源文件／贴图／木材反射.jpg"，用黑白贴图控制木材纹理的反射范围和强度。

（4）设置反射高光光泽的为0.8，加大高光面积。

（5）勾选"菲涅尔反射"，渲染效果如图9-68所示。

图9-67　木纹的衰减设置

6.哑面木材

将亮面木材材质球的反射贴图通道的贴图复制到凹凸贴图通道，设置凹凸数值为100，将反射光泽度调为0.8，渲染效果如图9-69所示。

图9-68　亮面木材

图9-69　哑面木材

7.皮革

（1）将VR材质球指定给场景对象，将材质的漫反射加载"衰减"贴图，在衰减贴图的黑色区域加载位图贴图："第9章／源文件／贴图／皮革.jpg"。

（2）将衰减贴图黑色区域的贴图复制到白色区域的贴图通道，将白色样块颜色调为接近皮革的颜色，将贴图的数量设置为20。

（3）在凹凸贴图通道加载贴图："第9章／源文件／贴图／皮革凹凸.jpg"，设置凹凸数值为50。

（4）将材质球的反射颜色调为250，反射高光光泽度设为0.6，反射光泽度设为0.85，勾选"菲涅尔反射"，适当调整贴图坐标，渲染效果如图9-70所示。

图9-70　皮革

8. 绒布

（1）在场景中创建切角长方体，如图 9-71 所示。为切角长方体指定 VR 材质球，在材质球的"置换"贴图通道加载贴图："第 9 章／源文件／贴图／置换.jpg"，设置置换数量为 30。

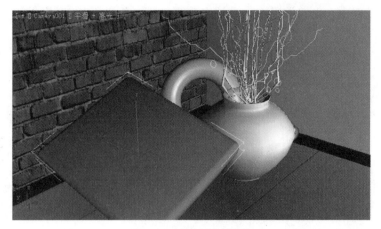

图 9-71　创建切角长方体

（2）设置切角长方体的贴图坐标为"平面"，渲染后如图 9-72 所示，完成靠垫模型制作。

（3）在靠垫材质的漫反射贴图通道加载"衰减"贴图，将黑色样块调为暗红色，将白色样块调为淡红色，渲染如图 9-73 所示，完成红色绒布效果。

图 9-72　靠垫模型

图 9-73　红色绒布

9. 丝绸

（1）将红色绒布的反射贴图通道加载"衰减"贴图，在衰减贴图的黑色区域加载位图贴图："第 9 章／源文件／贴图／反射布料.jpg"。

（2）将衰减贴图的白色区域设为黑色，将反射光泽度数值设为 0.8。

（3）适当调整"反射布料"贴图的贴图坐标，渲染效果如图 9-74 所示，完成丝绸效果的表现。

10. 毛皮

（1）将 VR 材质球指定给场景对象，将材质的置换贴图通道设置置换数量为 100，并加载"细胞"贴图（在"材质／贴图"浏览器里，与位图贴图、衰减贴图一样是贴图类型的一种）。

图 9-74　丝绸

（2）在"细胞特性"参数组设置"细胞"贴图的大小为0.01，渲染效果如图9-75所示，完成茸毛效果的表现。

（3）在"漫反射"贴图通道加载贴图："第9章／源文件／贴图／毛皮.jpg"，渲染效果如图9-76所示。在效果图制作过程中，我们常用这种方法来表现地毯，效果不如VR毛发逼真，但渲染速度很快。

图9-75 茸毛效果

图9-76 毛皮效果

图9-77 青花瓷

完成青花瓷效果表现。

12. 清玻璃

11. 青花瓷瓶

（1）将VR材质球指定给场景中瓷瓶对象，将材质的漫反射加载"衰减"贴图，在衰减贴图的黑色区域加载位图贴图："第9章／源文件／贴图／青花.jpg"。将衰减贴图黑色区域的贴图复制到白色区域的贴图通道，将白色样块颜色贴图的数量设置为80。

（2）将材质球的反射设为255（白色），勾选"菲涅尔反射"选项。

（3）将漫反射贴图通道的贴图复制到凹凸贴图通道，设置凹凸数值为-40。渲染效果如图9-77所示，完成青花瓷效果表现。

12. 清玻璃

（1）将VR材质球指定给场景中玻璃对象，将材质球的漫反射颜色设为淡灰色，将反射颜色设为白色，勾选"菲涅尔反射"选项。

（2）将材质球的折射颜色设为白色，将折射率设为1.5。渲染效果如图9-78所示，完成清玻璃效果表现。

13. 有色玻璃

将清玻璃材质球的"烟雾颜色"设为蓝色，参数如图9-79所示，渲染效果如图9-80所示。

图9-78 清玻璃效果

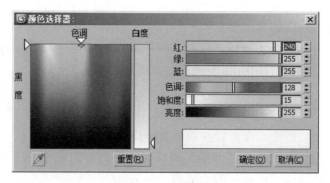

图9-79 烟雾颜色

14. 磨砂玻璃

将清玻璃材质球的反射效果去除，设置"折射光泽度"为0.9，渲染效果如图9-81所示。

图9-80 蓝玻璃效果

图9-81 磨砂玻璃

15. 雕花玻璃

将磨砂玻璃材质球的置换贴图通道加载贴图："第9章／源文件／贴图／玻璃置换.jpg"，置换数值设为5，渲染效果如图9-82所示。

16. 彩绘玻璃

（1）在清玻璃材质球的漫反射贴图通道加载贴图："第9章／源文件／贴图／彩绘玻璃.jpg"。

（2）在折射贴图通道加载贴图："第9章／源文件／贴图／彩绘玻璃折射.jpg"。

（3）将折射贴图通道的贴图复制到凹凸贴图通道，设置凹凸数值为-50，渲染效果如图9-83所示。

图9-82 雕花玻璃

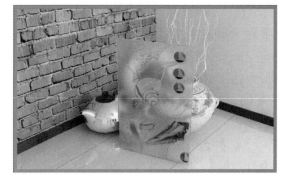

图9-83 彩绘玻璃

17. 水

（1）在场景中创建平面，如图9-84所示。将清玻璃材质折射率改为1.33，并指定给平面对象。

（2）在"置换"贴图通道加载"噪波"贴图，将噪波的大小设为100，噪波的大小影响水波纹的大小。

（3）将置换数量设为50，置换数量影响波纹的高低，渲染效果如图9-85所示。

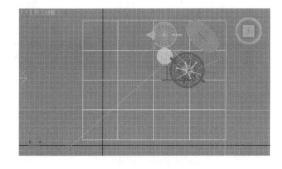

图9-84 创建平面

图9-85 水效果

18. 实木地板

表现木地板纹理可以通过位图贴图直接实现，但是效果不够逼真。下面我们讲解通过平铺贴图表现木地板材质的方法。

（1）将 VR 材质球指定给场景中的地面对象，在材质的漫反射贴图通道加载"平铺"贴图。

（2）展开平铺贴图的"标准控制"卷展栏，选择图案设置的预设类型为"连续砌合"。

（3）打开"高级控制"卷展栏，将"平铺设置"的水平数和垂直数做适当调整（不能通过贴图平铺次数调整），如图 9-86 所示。渲染效果如图 9-87 所示。

图 9-86　平铺设置

（4）将"砖缝设置"参数组的水平间距和垂直间距设为 0.05，渲染效果如图 9-88 所示。

图 9-87　平铺效果

图 9-88　平铺效果

（5）在"平铺设置"卷展栏的纹理颜色样块后的贴图通道加载位图贴图："第 9 章 / 源文件 / 贴图 / 木地板 . jpg"，渲染场景发现木纹理与地板方向垂直。

（6）单击平铺设置卷展栏的纹理贴图通道按钮，进入位图层级，在"坐标"卷展栏将 W 方向的角度设置为 90，实木纹理方向与地板一致，调整木纹的平铺次数，渲染效果如图 9-89 所示，完成木地板纹理的制作。

（7）设置木地板材质的反射为 255，勾选"菲涅尔反射"选项，设置反射光泽度为 0.88，渲染效果如图 9-90 所示。

图 9-89　木地板纹理效果

图 9-90　木地板材质效果

（8）将漫反射贴图通道的贴图复制到凹凸贴图通道，在弹出的"复制贴图"方法面板中选择"复制"方式，如图 9-91 所示，将凹凸数值设为 30。

（9）单击"凹凸"贴图通道，进入平铺贴图层级，将"平铺设置"卷展栏的"纹理"贴图清除，将纹理颜色样块调为白色，将"砖缝设置"的水平间距和垂直间距设为 0.01。

（10）返回材质的漫反射贴图通道的平铺贴图层级，将"砖缝设置"的"纹理颜色"调整为一个比地板纹理颜色稍深一些的颜色。渲染场景效果如图 9-92 所示，木地板的拼缝凹凸效果很逼真。

图 9-91　复制贴图

（11）下面我们来模拟实木地板的色差。进入漫反射贴图通道的平铺贴图层级，展开"高级控制"卷展栏，在"平铺设置"选项组中，将"淡出变化"设为 0.65。渲染效果如图 9-93 所示。木地板效果表现完成，也可以用这种方法模拟磁砖铺贴效果。

图 9-92　木地板的拼缝凹凸效果

图 9-93　实木地板效果

19. 镂花

（1）将对象指定铜金属材质，渲染效果如图 9-94 所示。

（2）在材质的"不透明度"贴图通道，加载贴图："第 9 章／源文件／贴图／镂空.jpg"，调整贴图坐标，渲染效果如图 9-95 所示。"不透明度"贴图通道，通过所加载的位图控制透明区域，白色区域不透明，黑色区域透明，灰度区域半透明。

图 9-94　钛金效果

图 9-95　镂空效果

9.9　VR材质与贴图

1. VR 材质包裹器

V-Ray 包裹材质主要用于控制材质的全局光照、焦散。一个材质在场景中过于亮或色溢太多，嵌套这个材质可以控制产生／接受全局照明的数值。多数用于控制有自发光的材质和饱和度过高的材质。

（1）将 VR 材质设置为大红色，指定给场景对象，渲染效果如图 9-96 所示。

（2）单击材质类型按钮，在弹出的材质／贴图浏览器中选择"VR 材质包裹器"双击，在弹出的"替换材质"面板中选择"将旧材质保存为子材质"选项。

（3）在"VR材质包裹其参数"卷展栏中，设置"生成全局照明"为0.5，渲染效果如图9-97所示。

图9-96　红色材质渲染效果

图9-97　降低生成全局照明

（4）在"VR材质包裹其参数"卷展栏中，设置"生成全局照明"为1.5，渲染效果如图9-98所示。

（5）降低环境光，渲染场景如图9-99所示。将瓷瓶材质指定材质包裹器，设置"接收全局照明"为0.2，渲染效果如图9-100所示。

图9-98　提高生成全局照明

图9-99　瓷瓶场景

（6）设置"接收全局照明"为3，渲染效果如图9-101所示。

图9-100　降低接收全局照明

图9-101　提高接收全局照明

2. VR代理材质

（1）选择场景中红色墙面的材质球，点击材质类型按钮，选择VR代理材质，在弹出的"替换材质"对话框中选"将旧材质保存为子材质"选项。

（2）在如图9-102的代理材质参数卷展栏中，点击"全局光材质"后的"None"按钮，选择VR材质类型并设置漫反射颜色为绿色。渲染效果如图9-103所示，红色墙面产生绿色全局光效果。

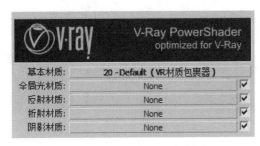

图 9-102　VR 代理材质参数

图 9-103　代理材质效果

3. VR 灯光材质

V-Ray 灯光材质是一种自发光的材质，通过设置不同的倍增值可以在场景中产生不同的明暗效果。可以用来做自发光的物件，比如灯带、电视机屏幕、灯箱等。

（1）删除场景灯光，创建平面对象如图 9-104 所示。

（2）选择材质球，点击材质类型按钮，选择"VR 灯光材质"类型，在如图 9-105 的灯光参数卷展栏中，设置灯光倍增值为 1，渲染效果如图 9-106 所示。

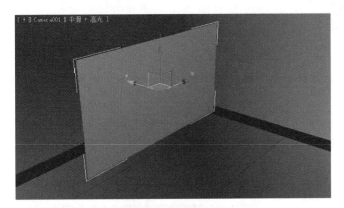

图 9-104　创建平面

图 9-105　灯光材质参数

（3）提高灯光的倍增值为 10，渲染效果如图 9-107 所示。

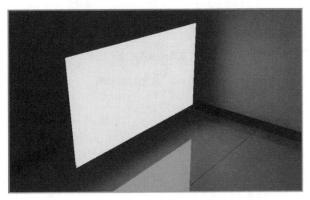

图 9-106　灯光材质效果

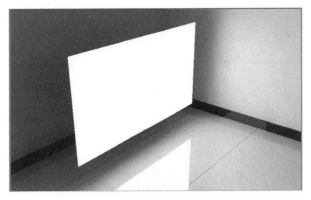

图 9-107　提高灯光倍增值

（4）设置灯光颜色为绿色，渲染效果如图 9-108 所示。

（5）勾选"背面发光"选项，渲染效果如图 9-109 所示。

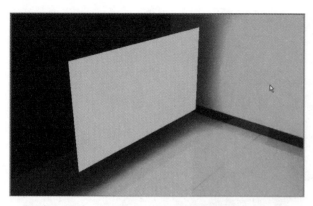

图 9-108　设置灯光颜色

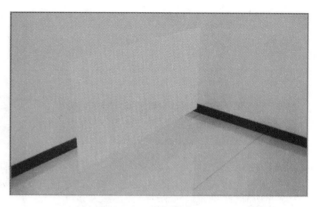

图 9-109　双面发光

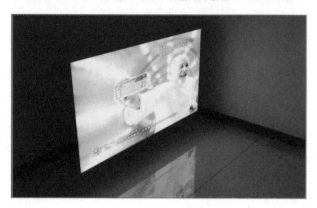

图 9-110　电视屏幕

（6）设置发光倍增值为 3，去除"双面发光"的勾选，点击颜色后的"None"按钮，加载位图贴图："第 9 章 / 源文件 / 贴图 / 电视屏幕 . jpg"。渲染效果如图 9-110 所示。

4. VR 双面材质

V-Ray 双面材质用于表现两面不一样的材质贴图效果，可以设置其双面相互渗透的透明度。

（1）在场景中创建卷曲对象（编辑曲线 - 挤出），如图 9-111 所示。

（2）将 VR 材质指定给卷曲对象，点击材质类型按钮，选择"VR 双面材质"，在弹出的"替换材质"对话框中选择"将旧材质保存为子材质"选项，"双面材质参数"卷展栏如图 9-112 所示。

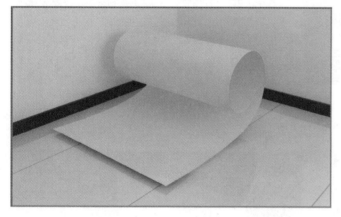

图 9-111　创建卷曲对象

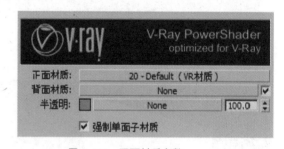

图 9-112　双面材质参数

正面材质：设置物体正面的材质

背面材质：设置物体背面的材质

半透明：通过颜色、材质贴图和数值 3 种方式控制正反面的混合。

（3）单击"正面材质"后的按钮，设置 VR 材质的漫反射颜色为红色，勾选"背面材质"后的 ☑激活背面材质，单击"背面材质"后的"None"按钮，设置 VR 材质的漫反射颜色为绿色，设置"半透明"后的颜色样块为黑色，渲染效果如图 9-113 所示。

（4）将正面材质加载贴图："第 9 章 / 源文件 / 贴图 / 双面材质 1. jpg"，将背面材质加载贴图："第 9 章 / 源文件 / 贴图 / 双面材质 2. jpg"，渲染效果如图 9-114 所示。

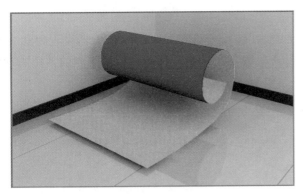

图9-113　双面材质

图9-114　双面材质

5. VR边纹理贴图

（1）将VR材质指定给场景对象，如图9-115所示。

（2）单击材质的漫反射贴图通道按钮，加载"VR边纹理"贴图，VR边纹理贴图参数如图9-116所示，渲染效果如图9-117所示。

图9-115　指定材质

图9-116　边纹理参数

（3）调整边纹理颜色后渲染效果如图9-118所示。

图9-117　边纹理效果

图9-118　边纹理效果

（4）"厚度"参数组可以调整边纹理的宽度。

6. 覆盖材质

（1）打开场景："第9章/源文件/场景文件/覆盖材质.max"，渲染效果如图9-119所示。

（2）打开"渲染设置"面板，选择"V-Ray"选项卡，展开"全局开关"卷展栏，在"材质"参数组勾选"覆盖材质"，后面的"None"按钮同时被激活。点击"None"按钮，选择VR材质类型。

（3）将新指定的VR材质拖拽到材质编辑器，复制给未使用的空材质球，在弹出的"实例（副本）材质"

对话框选择"实例"方式。

（4）设置"覆盖"材质的漫反射颜色为白色，在"间接照明"选项卡将"二次反弹"倍增器设置为 0.85，渲染效果如图 9-120 所示，场景中所有材质被"覆盖材质"取代，这是一种测试场景灯光的常用方法，也称为"白模"。要恢复原有场景材质的渲染效果，只要取消"覆盖材质"的勾选即可。

图 9-119　场景渲染

图 9-120　覆盖材质

课后任务

1．制作网格效果

（1）创建场景如图 9-121 所示，为沙发指定 VR 材质，将材质的"不透明度"贴图通道加载"边纹理"贴图，渲染效果如图 9-122 所示。

图 9-121　新建场景

图 9-122　边纹理贴图

（2）调整材质漫反射颜色，渲染效果如图 9-123 所示。

图 9-123　更改漫反射颜色

2. 制作纱帘效果

（1）创建场景如图 9-124 所示，在场景中创建窗帘，如图 9-125 所示。

图 9-124　新建场景

图 9-125　创建纱帘

（2）为窗帘指定 VR 材质，将材质的折射光泽度设为 0.9，折射率设为 1。

（3）将折射贴图通道指定"衰减贴图"，将衰减贴图的黑色区加载"噪波"贴图，设置噪波的颜色为 100 的灰色，噪波大小为 5。

（4）为材质加载"材质包裹器"提高接收全局照明为 1.5，渲染效果如图 9-126 所示，完成白色纱帘效果。

（5）将漫反射颜色调为橘黄色，渲染效果如图 9-127 所示，完成有色纱帘效果。

图 9-126　白色纱帘

图 9-127　彩色纱帘

（6）将白纱帘材质的折射颜色调为 120，在折射贴图通道的衰减贴图黑色区域加载贴图："第 9 章 / 源文件 / 场景文件 / 反射布料 .jpg"，调整贴图的平铺数值。

（7）返回 VR 材质的"贴图"卷展栏，将折射贴图的数量设为 40，渲染效果如图 9-128 所示，完成提花纱帘效果。

图 9-128　提花纱帘

（8）将提花纱帘材质的折射贴图通道的衰减贴图黑色区域加载贴图："第9章／源文件／场景文件／纱帘布料.jpg"，适当调整贴图平铺次数。

（9）将折射贴图通道复制到漫反射贴图通道，渲染效果如图9-129所示，完成彩色提花纱帘效果。

图 9-129 彩色提花纱帘

第10章
效果图后期处理

在效果图制作过程中，有时为了减少模型数量提高渲染速度或模型库有限等原因，要在后期为效果图添加一些绿植、干支、装饰画、装饰器皿等场景元素。并且渲染生成效果图后，经常会存在一些不足，例如曝光不足、色调不统一、明暗关系不明确等。这时需要进入 Photoshop CS4 中，对效果图进行一些相应的合成和调整，以此使效果图更逼真、更完美。

Photoshop CS4 是一款非常专业的图像处理软件，下面讲解一些常用的图像调整命令。

10.1 画面的明度/对比度调整

画面的明度亦称为"亮度"，它是指构成画面色彩的明暗程度或者说是深浅程度。当画面的明度对比低时，画面效果会显得低沉；当画面的明度对比高时，画面效果会显得明快。

10.1.1 "亮度/对比度"命令

打开一幅图片后，选择"图像／调整／（亮度／对比度）"命令，打开"亮度／对比度"调整对话框，如图 10-1 所示。

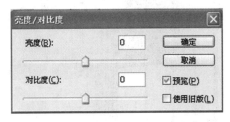

图 10-1 "亮度／对比度"调整对话框

（1）"亮度"：用于调整画面的明暗程度。向右拖动滑块或者输入正值，画面变亮；反之画面变暗。如图 10-2 ～图 10-4 所示为图像亮度调整前后的效果对比。

（2）"对比度"：用于调整画面不同明暗层次的对比程度。向右拖动滑块或者输入正值，画面对比度提高；反之画面对比度降低，如图 10-5 ～图 10-7 所示为图像对比度调整前后的效果对比。

图 10-2 原图像

图 10-3 增加画面亮度

图 10-4　降低画面亮度

图 10-5　原图像

图 10-6　增加画面对比度

图 10-7　降低画面对比度

10.1.2 "色阶"命令

　　打开一幅图片后，选择"图像 / 调整 / 色阶"命令，打开"色阶"调整对话框，如图 10-8 所示。

　　（1）"通道"下拉列表：用来选择要调整的通道，如果图像是 RGB 模式，则可以选择红、绿、蓝通道；如果图像是 CMYK 模式，则可以选择青、品红、黄、黑通道。默认情况下是混合通道。

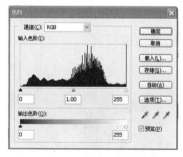

图 10-8　"色阶"调整对话框

图 10-9　原图像

　　（2）"输入色阶"：由外侧的 2 个黑白三角滑块和两者之间的灰色三角滑块组成，黑白滑块分别可以设定图像的最暗色阶和最亮色阶，灰色滑块可以设定图像之间的色阶。如图 10-9 ～图 10-11 所示为图像调整输入色阶前后的效果。

图 10-10　向右调整黑色滑块

图 10-11　向左调整白色滑块

（3）"输出色阶"：由两个黑白三角滑块组成，分别指定调整后的黑白数值，效果类似于向图像中混入黑色或白色，如图 10-12 和图 10-13 所示为调整黑白滑块后的效果。

图 10-12　向右调整黑色滑块

图 10-13　向左调整白色滑块

10.1.3　"曲线"命令

　　打开一幅图片后，选择"图像／调整／曲线"命令，打开"曲线"调整对话框，如图 10-14 所示。

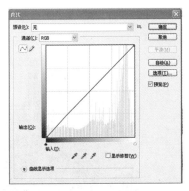

图 10-14　"曲线"调整对话框

图 10-15　原图像

　　在曲线编辑框中有一条 45°的线段，在线段的两端有两个调整点，拖动默认调整点或在调整曲线上增加调整点并拖动都能改变图像的明暗效果，如图 10-15 ～图 10-17 所示为调整曲线调整点前后效果比较。

图 10-16　向右移动曲线下端控制点

图 10-17　向左移动曲线上端控制点

10.1.4　减淡和加深工具

除使用调整命令外，Photoshop CS4 提供的减淡和加深工具可以快速实现画面局部的调整。

1."减淡工具"

选择工具栏中的"减淡工具"按钮"![icon]"，在工具属性栏中可以设置"减淡工具"的"画笔"、调整的"范围"、"曝光度"，如图 10-18 所示。

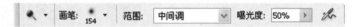

图 10-18　"减淡工具"属性栏

单击画笔右侧的黑色三角，弹出画笔设置面板，如图 10-19 所示。可以通过"主直径"滑块调整画笔的大小，如图 10-20 所示为画笔大小在画面中的显示效果（Caps Lock 键为画笔精确显示和大小显示切换键）。

通过"硬度"滑块调整画笔边缘的羽化程度。

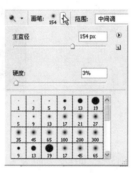

图 10-19　画笔设置面板

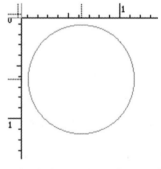

图 10-20　画笔大小在画面中的显示效果

图 10-21　原图像

"范围"下拉菜单中可以选择要进行调整的明度范围，分别为阴影、中间调和高光。

"曝光度"数值框用来设置减淡工具在操作过程中的曝光度，相当于减淡的力度，值越大操作时产生的减淡效果越明显。如图 10-21 ～ 图 10-23 所示为画笔硬度为 100%、不同"曝光度"数值情况下，对画面执行 3 次减淡涂抹的效果。

图 10-22 "曝光度"为 50% 　　　　　　图 10-23 "曝光度"为 100%

2. 加深工具

加深工具是通过降低操作区域的曝光度来加深画面效果,与"减淡工具"的操作方法完全相同。

10.2 画面的色相/饱和度调整

色相指色彩的相貌,例如红色、蓝色、黄色等。饱和度又叫纯度或彩度,指色彩的鲜艳纯净程度。在效果图后期调整过程中我们经常要调整画面色彩的色彩倾向和色彩饱和度,以此来达到画面色调的和谐统一。

10.2.1 "色相/饱和度"命令

打开一幅图片后,选择"图像 / 调整 / (色相 / 饱和度)"命令,打开"色相 / 饱和度"调整对话框,如图 10-24 所示。

"编辑"下拉列表框中可以选择可调整的色彩范围,如图 10-25 所示。

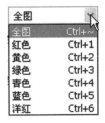

图 10-24 "色相 / 饱和度"调整对话框　　　图 10-25 "编辑"下拉列表

图 10-26 原图像

"色相"数值框中输入数值或拖动色相调节滑块,可以调整色彩相貌。默认为全图色相调整。如图 10-26 ～图 10-28 所示为图像色相调整前后的效果。

"饱和度"数值框中输入数值或拖动色相调节滑块,可以调整画面色彩的饱和度。默认为全图色相调整。如图 10-29 ～图 10-31 所示为图像饱和度调整后的效果。

图 10-27　色相调整后（一）

图 10-28　色相调整后（二）

图 10-29　饱和度降低为 0

图 10-30　饱和度降低为 -50

"明度"数值框中输入数值或拖动色相调节滑块，可以调整画面色彩的明度。如图 10-32 ～图 10-34 所示为图像明度提高和降低后的效果。

图 10-31　饱和度提高到 100

图 10-32　明度降低为 -70

图 10-33　明度降低为 -40

图 10-34　明度提高为 50

10.2.2　"色彩平衡"命令

打开一幅图片后，选择"图像 / 调整 / 色彩平衡"命令，打开"色彩平衡"调整对话框，如图 10-35 所示。

"色调平衡"中的 3 个单选按钮控制调节色彩平衡的明度范围，分别是阴影、中间调和高光。

"保持亮度"复选框勾选后，在进行色彩调整的时候保持图像亮度不变。

"色阶"右侧的 3 个数值框对应下方的三个色彩调节滑块，输入数值或者调节滑块都会改变图像的色彩效果。如图 10-36 ～图 10-38 所示为图像增加红色和增加绿色后的前后效果。

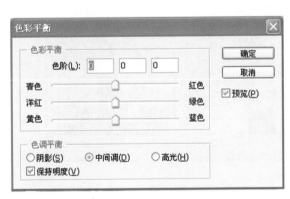

图 10-35　"色彩平衡"对话框

图 10-36　原图像

图 10-37　增加红色

图 10-38　增加绿色

第10章　效果图后期处理　**149**

10.2.3　"变化"命令

"变化"命令可以很直观地改变图像的色彩和明度。

打开一幅图片后，选择"图像／调整／变化"命令，打开"变化"调整对话框，如图 10-39 所示。
"原稿"缩略图表示画面修改前的效果。

"当前选择"有 3 个缩略图，顶部的表示图片修改后的最终效果，左侧的表示图像修改后的颜色，右侧的表示图像修改后的明度。其他缩略图单击后可以增加相应的色彩或增加、降低画面明度。

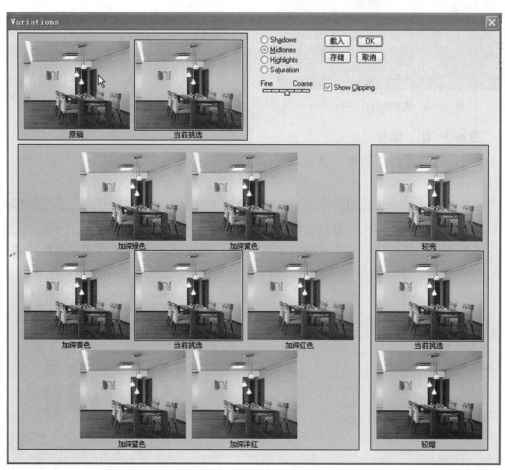

图 10-39　"变化"对话框

10.2.4　颜色替换工具

通过"颜色替换工具"可以将图像中的一种颜色替换成指定的颜色。

在工具栏中选择"替换颜色"按钮"　"，按住 Alt 键的同时在画面中单击鼠标键进行颜色取样，或者直接设置前景色，在画面中需要替换颜色的区域涂抹，原有颜色即被所指定的颜色代替，如图 10-40 ～图 10-42 所示为图像中的红色区域被替换成绿色和蓝色前后的效果。

图 10-40　原图像

图 10-41　替换成绿色

图 10-42　替换成蓝色

10.2.5　海绵工具

通过海绵工具我们可以快速调整图像局部的饱和度。

在工具栏中选择"海绵工具"按钮""，在工具属性栏中设置海绵工具的大小、模式、流量等，如图 10-43 所示。

图 10-43　"海绵工具"属性栏

"模式"下拉列表中包含"去色"和"加色"两种模式，其中"去色"模式用于降低图像的饱和度；"加色"模式用于提高图像的饱和度。如图 10-44 ~ 图 10-46 所示为降低和增加沙发区域饱和度前后的效果。

图 10-44　原图像

图 10-45　降低沙发区域的饱和度

图 10-46　增加沙发区域的饱和度

"流量"数值框用于控制海绵工具的去色或加色力度，数值越大，在图像中涂抹后的效果越明显。

10.3 添加效果图配景

在效果图后期处理过程中可以添加人物、植物、花瓶、书籍、装饰画等装饰，以此来使效果图的构图更协调，画面效果更生动自然。

10.3.1 添加装饰画

（1）在 Photoshop CS4 中打开要添加装饰画的效果图，如图 10-47 所示；打开一幅装饰画图片，如图 10-48 所示。

图 10-47 原效果图

图 10-48 装饰画素材

（2）选择工具栏中的"移动工具"按钮"➕"，将装饰画拖动到效果图画面内，装饰画默认效果图中的新的涂层，如图 10-49 所示。

（3）按 Ctrl+T 组合键，激活装饰画的自由变换状态，装饰画的边缘出现 8 个变换控制点，如图 10-50 所示。

（4）按 Ctrl 键，将装饰画的一个边角对齐到效果图画框的相应位置，如图 10-51 所示。

（5）将装饰画的其他 3 个角，对齐到效果图的相应位置，如图 10-52 所示。

（6）根据画面效果调整装饰画色调，使它与画面更融洽。

图 10-49 复制装饰画

图 10-50 激活变换

图 10-51 对齐角

图 10-52 对齐画面

10.3.2　添加植物

（1）在Photoshop CS4中打开要添加植物的效果图，如图10-53所示；打开植物素材图片，如图10-54所示。

图10-53　原始效果图　　　　　　　　　　　　　　图10-54　植物素材

（2）在工具栏选择"魔术棒工具"，在植物素材图片的白色背景区域单击选择。

（3）选择菜单中的"选择／选取相似"命令，所有白色背景被选择。

（4）选择菜单中的"选择／反向"命令执行反选，植物轮廓被选中，完成植物的选择，如图10-55所示。

（5）选择"移动工具"，将光标移动到选择区域内并将植物拖动到效果图画面内，完成植物图层的复制，如图10-56所示。

图10-55　植物轮廓原始效果图　　　　　　　　　图10-56　复制植物图层

（6）按 Ctrl+T 键激活植物变换状态，在植物的四角出现变换控制点，如图 10-57 所示。按住 Shift 键不放，光标移到右上角的控制点上并向下拖动光标，执行等比例缩放，直到植物比例合适为止，如图 10-58 所示。按 Enter 键或在变换区域内双击，完成植物缩放。

图 10-57　激活植物的变换状态

图 10-58　等比例变换

（7）选择"移动工具"，并按 Alt 键在画面中拖动，复制植物图层，如图 10-59 所示。

（8）选择菜单中的"编辑／变换／垂直翻转"命令，将植物垂直翻转作为植物倒影，在图层面板将倒影图层拖动到正立植物图层的下面并对齐，如图 10-60 所示。

图 10-59　复制植物图层

图 10-60　翻转并对齐植物

（9）在图层面板将倒影图层的不透明度调整为 35%，完成地板上植物倒影的调整，如图 10-61 所示。

（10）重新复制植物图层，并在图层面板将它拖到植物图层下面作为阴影。

（11）变换阴影图层如图 10-62 所示。按 Enter 键完成变换。

图 10-61　完成植物倒影调整

（12）选择菜单中的"图像／调整／（亮度／对比度）"命令，将阴影图层的亮度和对比度都降到最低，如图 10-63 所示。

（13）选择"滤镜／模糊／高斯模糊"命令，将阴影调整到如图 10-64 所示效果。

（14）删除门套上和花盆底部的不合理阴影，增加阴影的透明度，完成阴影的制作，如图 10-65 所示。

（15）局部调整花盆和花叶的亮度，使它更符合效果图场景的灯光投影效果，如图 10-66 所示。完成场景植物的添加。

图 10-62　变换阴影图层

图 10-63　调整阴影明度

图 10-64　将阴影高斯模糊

图 10-65　完成阴影制作

图 10-66　精细调整后效果

课后任务：合成沙发纹理

（1）打开效果图和布纹素材，如图 10-67 和图 10-68 所示。

图 10-67　原始效果图

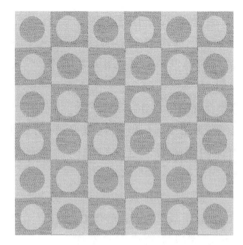

图 10-68　布纹素材

（2）复制布纹图层到效果图中，按 Shift+Alt 组合键多次复制布纹，如图 10-69 所示。

（3）合并复制的布纹图层，变换布纹到合理比例，如图 10-70 所示。

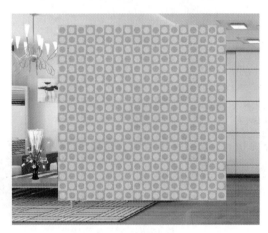

图 10-69　复制布纹

图 10-70　变换布纹纹理

（4）复制布纹图层并隐藏备用。将显示的布纹设置透明度到能透出背景，变换布纹透视与沙发靠背透视一致，如 10-71 所示。

（5）将布纹图层的不透明度设为 100%，在图层面板的混合模式下拉列表中选择"正片叠底"混合模式，如图 10-72 所示。

图 10-71　变换布纹透视

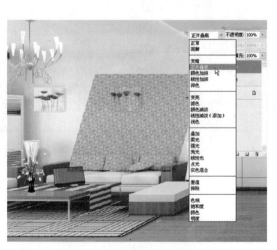

图 10-72　设置布纹混合模式

（6）选择"橡皮擦工具"，设置好工具属性的画笔大小和硬度，擦除沙发靠背以外多余的布纹图层，如图 10-73 所示。

（7）用同样的方法混合沙发的坐垫纹理，如图 10-74 所示。要注意各个面上布纹纹理与模型透视的一致性。

图 10-73　调整沙发靠背纹理

图 10-74　添加沙发坐垫纹理

（8）添加抱枕和灯罩的纹理，如图 10-75 所示。效果图的最终纹理混合效果如图 10-76 所示。

图 10-75　添加抱枕和灯罩纹理

图 10-76　纹理合成后的最终效果

第11章
家居空间效果表现

在本章将制作一张效果图，来演示家居空间效果表现的一般步骤。家居空间的详细尺寸一般由设计师现场测量，测量完成后使用施工图绘制软件 AutoCAD 将测量草稿绘制成平面户型图，再将平面户型的轮廓线从 AutoCAD 导入到 3ds max 中，作为墙体二维轮廓。

在菜单中选择"文件／导入"命令，在弹出的"选择要导入的文件"对话框中找到"第 11 章／源文件／原始户型 .dwg"文件，单击"打开"按钮。对弹出的"AutoCAD DWG/DXF 导入选项"保持默认，单击"确定"按钮。完成户型文件的导入，如图 11-1 所示。

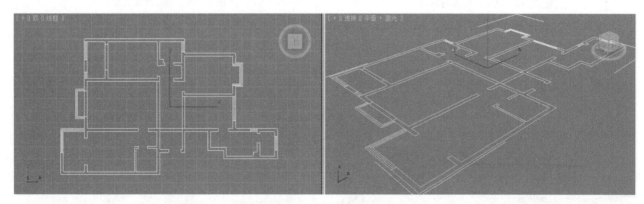

图 11-1　导入户型文件

在室内效果图的制作过程中，我们要进行建立模型、制作材质和贴图、创建和调整摄影机、布置灯光、渲染、后期处理等工作。现在我们把这一工作流程分步骤详细讲解。

11.1　整理结构线

我们要实现本户型客厅的装饰效果表现，所以可以删除多余的结构线。

（1）为了便于辨别对象的选择状态，我们将结构线从白色改为其他颜色。将原户型结构线进行移动复制，以备后期参考。

（2）选择墙体轮廓线，在"修改"命令面板中展开子物体层级，选择激活"线段"子物体，如图 11-2 所示。

（3）选择并删除多余的线段和点，只留下客厅墙体的单层轮廓线。如图 11-3 所示。这样可以减少模型的面，提高渲染速度。

（4）激活"点"子物体层级，在视图中选择轮廓线上所有点并点击"几何体"卷展栏中的"焊接"按钮，执行点的焊接操作，对于距离超出焊接范围的点，需要先将两个点捕捉移动到一起，再执行焊接，或者执行点的连接。

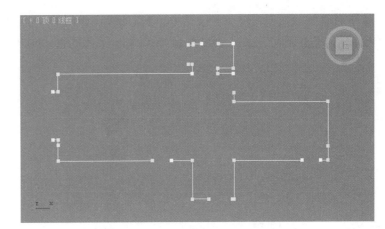

图 11-2　线段子物体层级

图 11-3　删除多余线

11.2　创建基本户型模型

（1）在"修改"命令面板的"修改器列表"中选择"挤出"修改器，在其"参数"卷展栏中的"数量"数值框内输入2800mm，如图11-4所示。挤出客厅墙体高度，效果如图11-5所示。这时墙体模型呈黑色显示，快速渲染后发现大部分墙体不可见，这是法线方向问题。

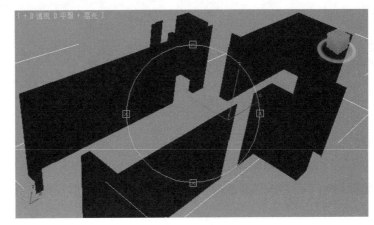

图 11-4　挤出参数

图 11-5　挤出墙体高度

（2）将墙体指定VR材质，将材质球命名为"乳胶漆"，把漫反射颜色设为白色。

（3）在场景中建立2盏泛光灯，移动到如图11-6所示场景对角线位置。这2盏灯光的设置只为临时照亮场景，方便建模时的预览，在合理布置场景灯光前会被删除。设置临时照明后透视图效果如图11-7所示。

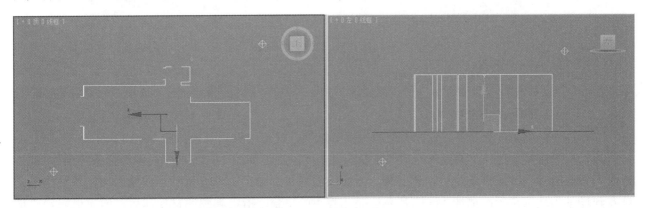

图 11-6　设置临时灯光

（4）按下自动捕捉按钮""，在按钮上单击右键，在弹出的"栅格和捕捉设置"面板中取消默认的"栅格点"勾选，启用"顶点"捕捉，如图11-8所示。关闭面板，退出捕捉设置。

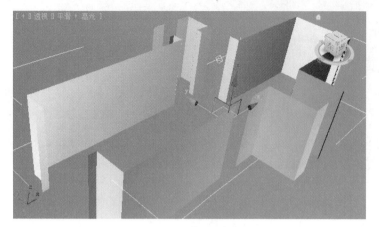

图11-7　透视图效果

图11-8　捕捉设置

（5）在顶视图中捕捉阳台垭口的点，创建矩形，如图11-9所示。选择"挤出"修改器，在其"参数"卷展栏中的"数量"数值框内输入300mm，创建垭口过梁厚度，如图11-10所示。

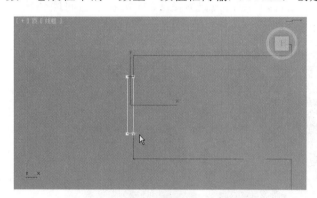

图11-9　创建矩形

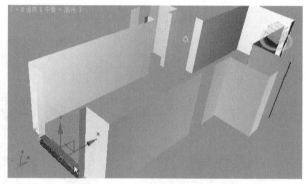

图11-10　挤出过梁厚度

（6）选择移动工具""，激活自动捕捉按钮""，在前视图中将过梁对齐到如图11-11所示位置。对齐后效果如图11-12所示。

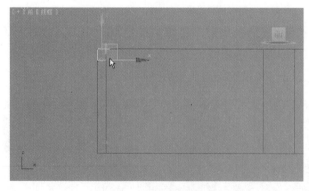

图11-11　移动对齐横梁

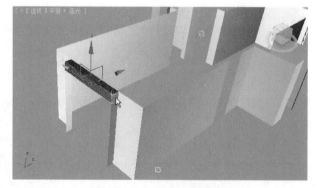

图11-12　对齐横梁效果

（7）将"材质编辑器"中的乳胶漆材质指定给过梁，快速渲染后效果如图11-13所示。

（8）利用捕捉工具，在顶视图的户型复制线框中绘制矩形如图11-14所示，编辑样条线删除线段，如图11-15所示。激活样条线子物体层级，为线段创建轮廓如图11-16所示，将轮廓的样条线移动并对齐到场景落地窗位置，如图11-17所示。挤出厚度200mm，指定乳胶漆材质球后，创建出阳台落地窗的地台，如图11-18所示。

建筑装饰

3ds max

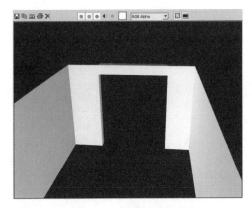

图 11-13　指定材质效果

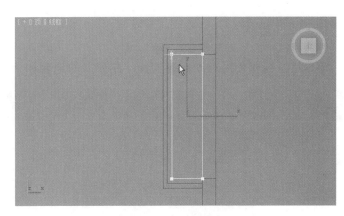

图 11-14　绘制矩形

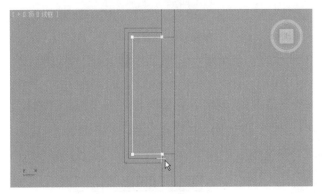

图 11-15　删除线段

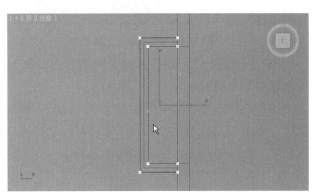

图 11-16　创建轮廓

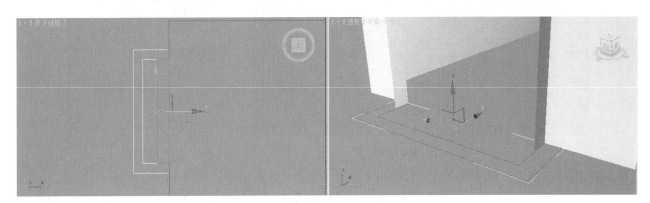

图 11-17　移动并对齐轮廓线

（9）在前视图移动复制地台对象到如图 11-19 所示位置，生成落地窗上梁，透视效果如图 11-20 所示。

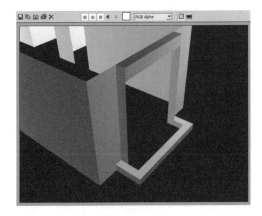

图 11-18　窗台

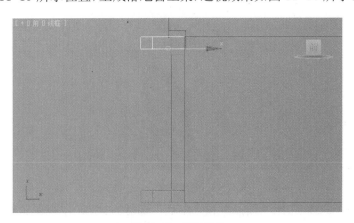

图 11-19　复制地台

11.3 创建窗框

（1）在左视图使用自动捕捉工具，在窗口的地台和上梁间创建如图 11-21 所示的矩形。

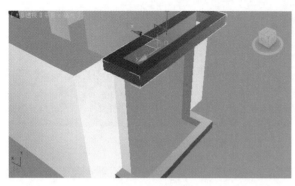

图 11-20 复制后透视效果

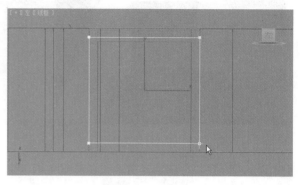

图 11-21 创建矩形

（2）在步骤（1）创建的矩形内部创建如图 11-22 所示的 4 个矩形，并保证步骤（1）和步骤（2）所创建的 5 个矩形在同一个平面上。

（3）选择 5 个矩形中的任意一个，选择"编辑样条线"修改器，在"几何体"卷展栏中选择"附加"按钮，如图 11-23 所示。在视图中用鼠标光标逐个点击其他 4 个矩形，完成 5 个矩形的附加。

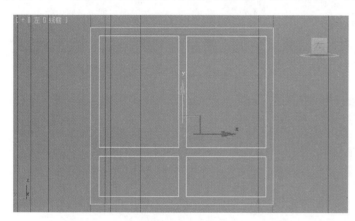

图 11-22 创建矩形

图 11-23 附加

（4）选择"挤出"修改器，挤出数值为 100mm，完成窗框的创建，如图 11-24 所示。

（5）为窗框指定 VR 材质，将材质球命名为"塑钢"并将漫反射颜色设为白色。移动窗框到如图 11-25 所示位置。

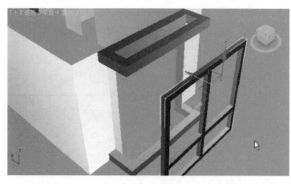

图 11-24 创建窗框

图 11-25 对齐窗框

（6）选择"顶点"和"中点"捕捉方式，在左视图窗框内创建如图 11-26 所示矩形。在矩形的"参数"卷展栏内将矩形的宽度数值增加 30mm。再次将矩形与窗框对齐。

（7）选择步骤（6）创建的矩形，选择"编辑样条线"修改器，激活"样条线"子物体，在视图中点击矩形，矩形呈红色显示。在"几何体"卷展栏中按下"轮廓"按钮，在按钮右侧的数值框内输入60mm。完成样条线的轮廓创建，如图11-27所示。

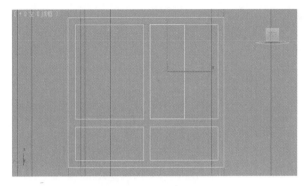

图 11-26　创建矩形

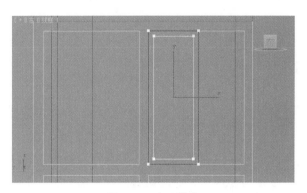

图 11-27　矩形轮廓

（8）选择"挤出"修改器，设置挤出数值为30mm，完成窗子推拉扇边框的创建，移动到安装位置并指定为"塑钢"材质后效果如图11-28所示。

（9）复制出其他3扇推拉扇，如图11-29所示。

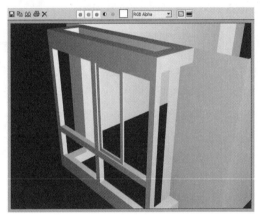

图 11-28　窗子推拉扇

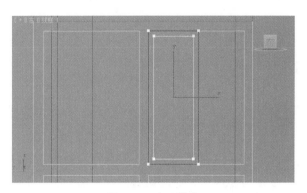

图 11-29　复制安装推拉扇

（10）制作窗子两侧窗框，如图11-30所示。

11.4　创建护栏

（1）在顶视图创建样条线，如图11-31所示。

图 11-30　制作两侧窗框

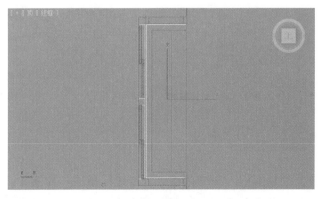

图 11-31　创建样条线

（2）选择新建样条线，展开子物体层级并选择线段层级，选择样条线的线段如图 11-32 所示。

（3）在"几何体"卷展栏找到"拆分"按钮，在按钮后的数值框输入"20"后点击"拆分"按钮，线段被拆分如图 11-33 所示。

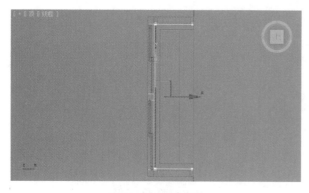

图 11-32　选择线段　　　　　　　　图 11-33　拆分线段

（4）同样方法拆分两侧线段，如图 11-34 所示。

（5）将拆分好的样条线挤出 700mm，并安装到落地窗的窗台上，如图 11-35 所示。

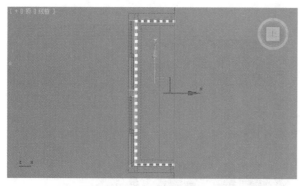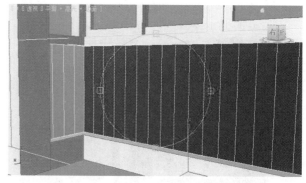

图 11-34　拆分两侧线段　　　　　　　　图 11-35　挤出护栏高度

（6）选择"晶格"修改器，参数设置如图 11-36 所示。将晶格修改生成的护栏指定一个新的材质球，命名为"烤漆"。护栏效果如图 11-37 所示。

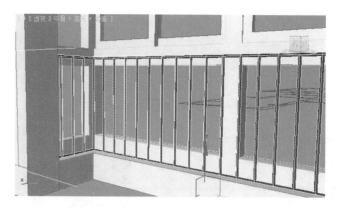

图 11-36　晶格参数　　　　　　　　图 11-37　护栏效果

11.5　补充门洞口

（1）利用捕捉在每个门洞口处创建样条线，如图 11-38 所示。

（2）选择新建的线，挤出高度 750mm（门洞口高度通常为 2050 ～ 2100mm），选择适当对齐方式将挤出对象移动到洞口顶部，如图11-39所示。

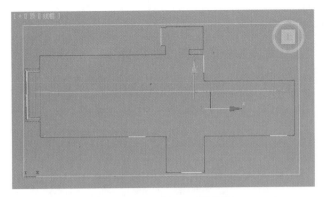

图11-38　创建门洞口样条线

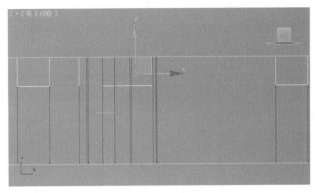

图11-39　修补门洞

（3）将"乳胶漆"材质指定给新挤出对象，修补好的洞口效果如图11-40所示。

11.6　制作踢脚线

（1）打开2.5维捕捉，在顶视图创建样条线，创建样条线时在门洞口两侧捕捉创建节点，如图11-41所示。

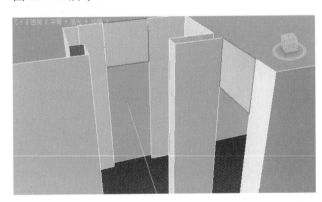

图11-40　补好的门洞效果

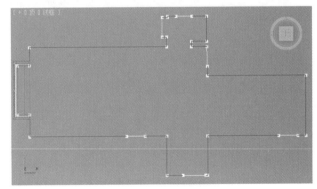

图11-41　创建样条线

（2）删除门口的线段，如图11-42所示。

（3）选择"样条线"子物体层级，框选新建样条线，点击"几何体"卷展栏的"轮廓"按钮，在后面的数值框输入"-10"，这是踢脚线的厚度，轮廓后效果如图11-43所示。

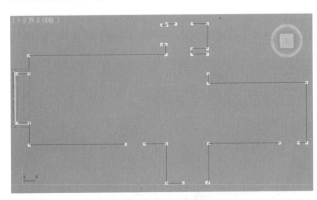

图11-42　删除线段

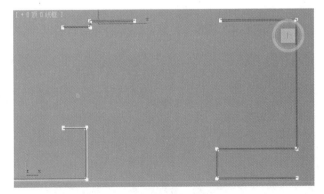

图11-43　轮廓后效果

（4）执行"挤出"修改，挤出数量为"100"，这是踢脚线常见的高度，效果如图11-44所示。为踢脚线指定VR材质，命名为"踢脚线"。

11.7 制作门套、门芯

（1）借助捕捉功能在门洞口上绘制样条线，如图11-45所示。

（2）将样条线向内"轮廓"60mm（家居装饰中常见门套线宽度），生成门套线的宽度，如图11-46所示。

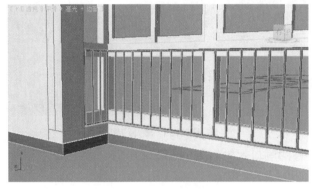

图11-44 挤出踢脚高度   图11-45 绘制样条线

（3）将门套线执行"挤出"修改，将挤出数值设为"260mm"（墙体厚度240mm，内外门套线厚度均为10mm），挤出门套深度并与踢脚对齐，如图11-47所示。将门套指定VR材质，命名为"门套"。

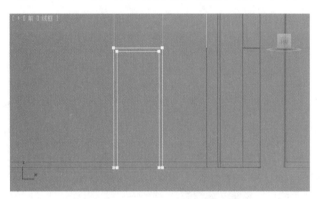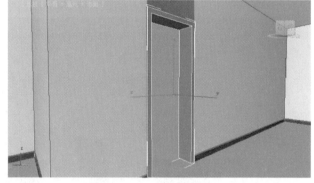

图11-46 门套宽度   图11-47 挤出门套深度

（4）在套线内创建门芯（标准门芯厚度40mm），如图11-48所示。将门芯指定VR材质，命名为"门芯"。可以用同样的方法创建其他门套和门芯，或者复制后做适当修改。

11.8 创建地面、顶面

（1）创建"平面"，长度和宽度的分段数设为"1"，如图11-49所示，为平面指定VR材质球，命名为"地面"。

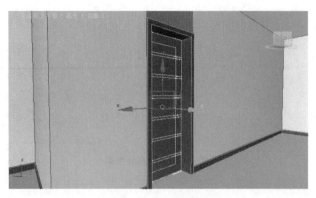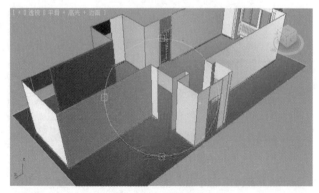

图11-48 门芯效果   图11-49 创建地面

建筑装饰

3ds max

（2）复制地面到顶面位置，将"乳胶漆"材质指定给顶面，如图 11-50 所示。

11.9　创建灯光、摄影机

（1）在视图中创建摄影机，并设置摄影机的剪切平面，如图 11-51 所示。在立面视图将摄影机移动到 1500mm 左右的高度（正常视线的高度），将透视图转换为摄影机视图，如图 11-52 所示。

（2）在窗口外创建 VR 面光源，位置如图 11-53 所示，设置灯光参数如图 11-54 所示。

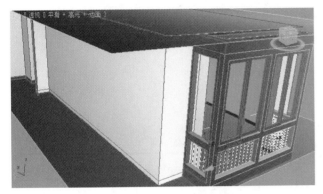

图 11-50　复制出顶面

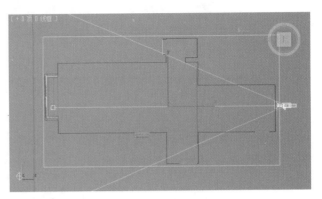

图 11-51　创建摄影机

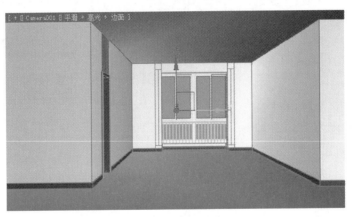

图 11-52　摄影机视图

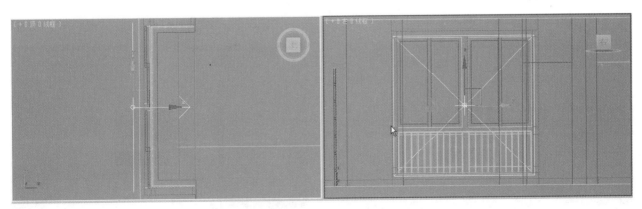

图 11-53　创建 VR 灯光

（3）复制 VR 面光源位置如图 11-55 所示，设置灯光参数如图 11-56 所示。

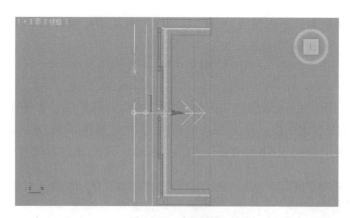

图 11-54　光源参数　　　　　　　　　　图 11-55　复制光源

11.10　测试渲染

（1）按 F10 打开渲染设置面板，在"预设"中调用"测试渲染"设置，如图 11-57 所示。

（2）删除场景中的两盏泛光灯。

（3）激活摄影机视图，按 F9 键进行快速渲染，效果如图 11-58 所示。

11.11　初步材质设置

（1）选择"乳胶漆"材质球,将"基本参数"卷展栏的反射调为 25，去掉"选项"卷展栏中的"跟踪反射"的勾选。

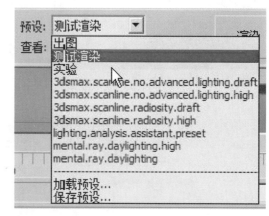

图 11-56　光源参数　　　　　　　　　图 11-57　打开测试渲染参数

（2）选择"地面"材质球，将反射调为 240，并勾选"菲涅尔反射"，在漫反射贴图通道加载位图贴图:"第 11 章 / 源文件 / 贴图 / 地砖 . jpg"。选择场景中的地面，执行"UVW 贴图"修改器，保持默认的"平面"贴图类型，将贴图的长度和宽度都设置为 800mm （800mm×800mm 是常见的地砖规格）。

（3）执行测试渲染，效果如图 11-59 所示。

图 11-58　测试渲染效果　　　　　　　　图 11-59　测试渲染

11.12 创建阳光

（1）创建"目标平行光"，启用阴影如图11-60所示，调整平行光参数如图11-61所示（灯光范围覆盖整个窗口），灯光位置和范围如图11-62所示（灯光的入射角度直接影响阳光的投射效果，可以在后期通过调整入射角的大小改变光的方向和光影的长短）。

（2）设置平行光的倍增值为5（根据窗口的大小和测试渲染效果调整）。

（3）设置VR阴影参数如图11-63所示（V\V\W大小数值影响阴影边缘的模糊程度）。

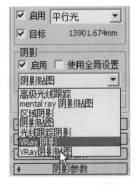

图 11-60　阴影参数

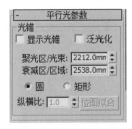

图 11-61　平行光参数

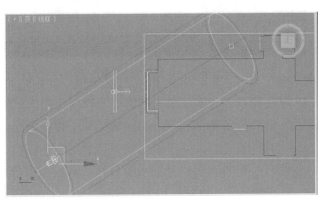
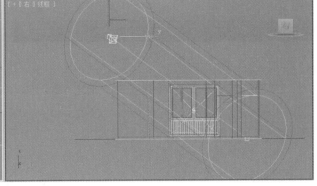

图 11-62　平行光位置和范围

图 11-63　V-Ray 阴影参数

（4）阳光效果测试渲染如图11-64所示。

11.13 创建基本造型

在场景灯光和基本材质完成之后，不要立刻大量调入模型，应该先将墙面顶面的造型完成，例如：吊顶、电视墙、沙发背景墙和简单的书架橱柜等，这是一个好习惯，可以节约预览时间，提高制图速度。

（1）隐藏踢脚线（便于捕捉操作），创建顶面造型如图11-65所示（创建矩形/编辑样条线/轮廓/挤出），指定"乳胶漆材质"。吊顶造型的轮廓宽度为450mm，挤出厚度为80mm，距离顶面（灯槽）为70mm，总下落为150mm，这是吊顶施工中的常用的尺寸。

图 11-64　阳光效果测试渲染

图 11-65　吊顶造型

（2）创建沙发背景造型，如图 11-66 所示。

（3）选择墙体，执行"编辑网格"修改，将沙发背景墙分离并加载贴图："第 11 章 / 源文件 / 贴图 / 壁纸 1．jpg"。调整贴图坐标后效果如图 11-67 所示。大家会发现加载深色贴图后，场景光线变暗，这就是 VR 渲染的二次反弹效果，所以场景中的光还要在后期根据窗景效果随时调整。

图 11-66 沙发背景墙   图 11-67 沙发背景墙贴图效果

（4）在玄关处创建衣柜框架，指定 VR 材质球，将材质的反射设为 100，勾选"菲涅尔反射"，渲染效果如图 11-68 所示。衣柜的厚度为 550 ～ 600mm，衣柜的内部结构和尺寸将在施工图中详细表现，这里我们不作考虑。

（5）制作衣柜的推拉门和上方收纳柜的平开门（创建时可以将衣柜以外的场景对象隐藏），为衣柜门加载贴图后效果如图 11-69 所示。

图 11-68 衣柜框架   图 11-69 衣柜效果

（6）制作衣柜边小鞋柜，如图 11-70 所示，鞋柜高度 700 ～ 750mm，正常厚度 350mm，这里我们依照梁的厚度创建。

（7）在玄关处创建吊顶造型，如图 11-71 所示。

（8）在玄关吊顶处创建吸顶灯并指定 VR 灯光材质，渲染效果如图 11-72 所示。

（9）在这个步骤里我们创建一盏筒灯。新建三维对象"圆环"，设置参数如图 11-73 所示（家庭装饰常用的筒灯直径为 8cm 或 10cm），将圆环指定不锈钢材质。在圆环内创建圆柱体如图 11-74 所示（注意圆环与圆柱体的位置关系），为圆柱体指定灯光材质，将圆环与圆柱成组为"筒灯"，将筒灯移动到顶部，与顶面的位置关系如图 11-75 所示（白线为顶面的下边缘线），筒灯渲染效果如图 11-76 所示。复制筒灯到相应的安装位置。

图 11-70　鞋柜效果

图 11-71　玄关吊顶造型

图 11-72　玄关吸顶灯

图 11-73　圆环参数

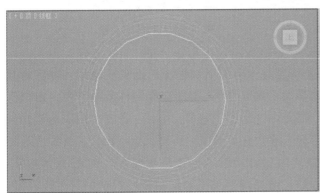

图 11-74　圆环与圆柱位置关系

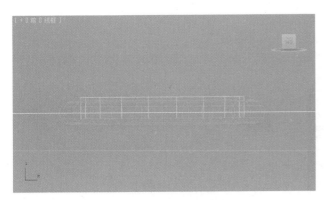

图 11-75　筒灯安装位置

图 11-76　筒灯效果

11.14 调用模型

在实际工作中,并非所有模型都是新建立的,有一部分模型是调用的,这就需要我们在进入工作前有一个模型库,并且对模型库里面的内容要很熟悉。

(1)打开工具命令面板,单击"资源管理器"按钮,调出"资源浏览器"面板。在"资源浏览器"中找到"第 11 章 / 源文件 / 模型 / 窗帘 .max"文件,如图 11-77 所示。

(2)拖动"窗帘 .max"缩略图到顶视图,释放鼠标在弹出的如图 11-78 所示列表中选择"合并文件"(如果在合并模型时弹出"重复材质"面板,勾选"应用于所有重复情况"复选框,单击"自动重命名重复材质"按钮),在视图单击鼠标确定合并文件的位置。

图 11-77　资源浏览器

(3)移动窗帘到如图 11-79 所示位置并调整窗帘大小,渲染效果如图 11-80 所示。

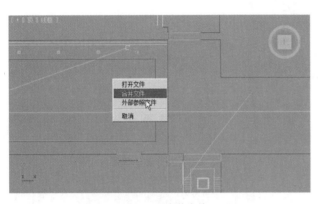

图 11-78　合并文件

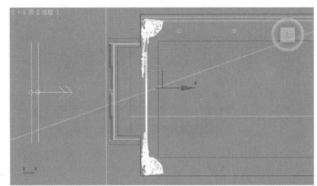

图 11-79　窗帘安装位置

(4)选择空闲材质球,选择材质编辑器中的"从对象吸取材质"按钮"🖉",从场景对象将窗帘的材质吸取到材质编辑器(一般情况下,新调入的模型自身带有材质属性,通过吸取操作可以将材质提取出来,这样编辑材质时所有应用了这个材质的对象都会被调整),将新吸取的材质命名为"窗帘"。

(5)为窗帘材质的漫反射加载贴图:"第 11 章 / 源文件 / 贴图 / 窗帘 .jpg",在反射贴图通道加载衰减贴图,在衰减贴图的黑色区域加载贴图:"第 11 章 / 源文件 / 贴图 / 窗帘反射 .jpg",将黑色通道复制到白色通道,将白色通道的贴图数量设为 50,参数如图 11-81 所示。单击材质编辑器的"转到父对象"按钮"🕸",设置窗帘材质的反射参数如图 11-82 所示,适当调整窗帘的贴图坐标或贴图的平铺设置,窗帘的局部渲染效果如图 11-83 所示。

建筑装饰

3ds max

图 11-80　窗帘效果

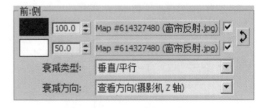

图 11-81　衰减参数

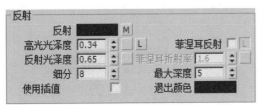

图 11-82　反射参数

图 11-83　窗帘效果

（6）同样方法吸取纱帘材质并命名为"纱帘"，为纱帘材质的折射贴图通道加载衰减贴图："第11章／源文件／贴图／纱帘.jpg"，设置如图 11-84 所示。设置纱帘的折射贴图数量为 60，设置材质折射参数如图 11-85 所示，适当调整贴图坐标后纱帘渲染效果如图 11-86 所示。

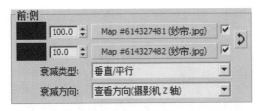

图 11-84　衰减参数设置

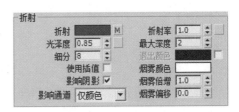

图 11-85　纱帘折射参数

（7）合并沙发模型，如图 11-87 所示。为新调入的模型指定材质如图 11-88 所示。

图 11-86　纱帘效果

图 11-87　合并沙发模型

（8）合并电视模型，指定材质后渲染效果如图 11-89 所示。

图 11-88　指定材质后效果

图 11-89　电视模型调入

（9）合并吊灯模型，指定材质后渲染效果如图 11-90 所示。

（10）合并其他模型，指定材质后渲染效果如图 11-91 所示。

图 11-90　合并吊灯

图 11-91　合并其他模型

（11）调整模型细节，如图 11-92 所示。

11.15　细部调整

（1）选择窗外的 VR 面光源，在修改命令面板去掉"影响反射"的勾选，如图 11-93 所示，光源实体在反射区域的影响被取消，效果如图 11-94 所示。

（2）在窗外 VR 面光源后面创建"平面"对象（如果在光源前面创建，需要进行灯光排除），平面的大小要覆盖整个窗口。

（3）为平面指定 VR 灯光材质模拟天空，设置发光强度为 5，渲染效果如图 11-95 所示（如果窗外渲染呈黑色，说明平面处于反向位置，可以旋转平面或者执行"法线反转操作"）。

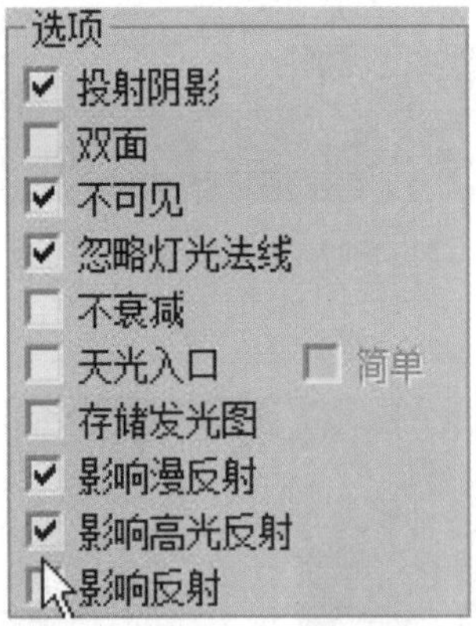

图 11-92　调整模型细节

图 11-93　灯光设置

图 11-94　灯光设置后效果

（4）可以为模拟天空的 VR 灯光材质加载"渐变"贴图，如图 11-96 所示。

（5）选择"乳胶漆"材质，点击"材质"类型按钮，在"材质／贴图浏览器"中选择"VR 材质包裹器"如图 11-97 所示，将"接收全局光照"设为 2.0，如图 11-98 所示。

（6）将"混油"材质加载材质包裹器，将"接收全局光照"设为 2。

（7）在沙发区域添加补光位置如图 11-99 所示，参数设置如图 11-100 所示，渲染效果如图 11-101 所示。

图 11-95　模拟天空

图 11-96　渐变贴图

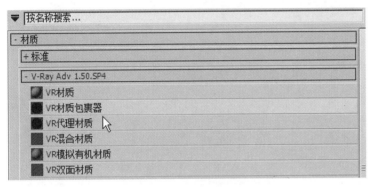

图 11-97　材质包裹器

图 11-98　包裹材质参数

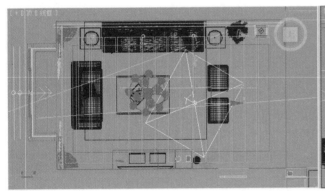

图 11-99　补光位置

图 11-100　补光参数

图 11-101　添加补光后效果

（8）为门和门套指定哑光木材材质，在过道区域添加冷色补光，将地砖材质增加一点反射模糊，渲染效果如图11-102所示。

（9）在灯槽内部创建VR面光源，位置和角度如图11-103所示，渲染效果如图11-104所示。

`（10）在筒灯的下方创建光度学的目标灯光，如图11-105所示，选择目标灯光的发光点，在修改命令面板中开启阴影，将阴影类型设置为VR阴影。将"灯光分部类型"设为"光度学web"，即我们通常所说的"广域网"，如图11-106所示。

图11-102 调整效果

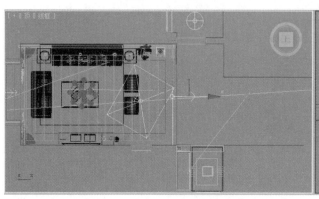
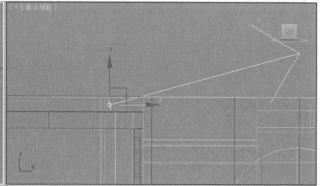

图11-103 灯带位置

图11-104 灯带效果

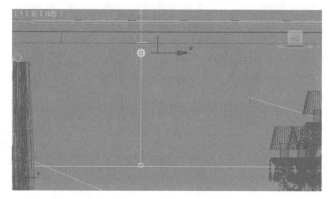

图11-105 创建目标灯光

（11）单击"选择光度学文件"按钮，选择："第11章/源文件/光域网.ies"文件，修改灯光强度为1500，渲染后射灯效果如图11-107所示，复制灯光到其他筒灯位置。

（12）打开"渲染设置"面板，展开"颜色贴图"卷展栏，将黑暗倍增器设为0.5，将变亮倍增器设为1.2，渲染效果如图11-108所示。

11.16　出图参数设置

为提高渲染质量，我们在测试渲染的基础上把渲染参数适当提高，这样会增加渲染时间。

（1）打开"渲染设置"面板，选择V-Ray选项卡，展开"帧缓冲区"卷展栏，勾选"启用内置帧缓冲区"选项，取消"从max获取分辨率"的勾选，将分辨率设为1600×900，如图11-109所示。

（2）展开"图像采样器"卷展栏，将图像采样器类型改为"自适应细分"，打开"抗锯齿过滤器"，将过滤器类型设为"Catmull-Rom",如图 11-110 所示。

图 11-106　指定灯光类型　　　　　　　　　图 11-107　光域网渲染效果

图 11-108　渲染效果　　　　　　　　　　　图 11-109　设置输出分辨率

（3）展开"发光图"卷展栏，将"内建预置"的"当前预设"改为"中"。将"基本参数"的"半球细分"值改为"50"，"差值采样"改为"30"，如图 11-111 所示。

　　　　　　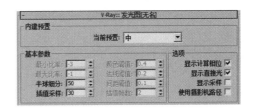

图 11-110　图像采样器设置　　　　　　　　图 11-111　发光图设置

（4）展开"灯光缓存"卷展栏，将"计算参数"的"细分"值改为"1000"。

（5）选择"设置"选项卡，展开"V-Ray 系统"卷展栏，将"光线计算参数"内的"默认几何体"设为"动态"，"动态内存设置"设到最大（防止渲染内存不足出现渲染错误）。

（6）勾选"帧标记"，记录渲染信息。

（7）渲染场景，效果如图 11-112 所示，完成 V-Ray 出图渲染操作流程。

（8）新建摄影机，渲染其他角度如图 11-113 所示。

（9）可以将出图渲染参数设置保存为预设文件，方便随时调用。

图 11-112　出图渲染效果

图 11-113　出图渲染效果

第12章
办公空间装饰效果表现

本办公会议室设计方案提供了一套完整的施工图纸，包含了各个平面以及立面。每进行一个效果图的绘制，设计师应事先对最终效果进行必要的方位分析和立面分析，对看得见的立面才进行建模，看不见的立面的模型如果没有特别的需要就尽量不要建立，其目的一是节约建模时间；二是减少文件的面数从而有效控制文件的大小。

此外，还要对立面造型进行分析从而确定建模的方法，一般来说墙体的建模多采用两种方式，一种是按照平面墙体的走向绘画墙体，然后参照楼层的高度挤出墙体实体，接着用布尔运算的方法开门洞窗洞，这种方法多用于某一立面外墙为非同一平面的状况；另一种是对于建筑的立面为同一平面的状况，多采用整个里面作为一个面建模，然后把各个立面拼接成建筑实体的方法。对于本方案，由于办公会议室的效果图的最终视角在西边，视觉上只看到办公会议室的东立面、南立面和西立面，因此本办公会议室的建模只需导入施工图的平面图和东、南、西立面即可。

另外，本办公会议室的东、南立面不是一个完整的纯平面，且此立面里没有门窗，因此东、南立面统一以挤出方式建模。而北立面是弧形墙体同时有大面积的窗户，因此北立面单独建模，最后和东、南立面拼接形成完整的室内空间。步骤如下：

12.1　在CAD软件中按照建模使用要求进一步处理平、立面

（1）在 CAD 软件中打开办公会议室的施工图，如图 12-1 所示。

（2）接着关闭标注、文字、轴线等和建模没有必然联系的图层，只保留平面的墙体、天花的造型以及立面的墙线、窗线以及各种造型线层，同时删除各个图框以及其他对绘图没有任何参考意义的文字和线段，如图 12-2 所示。

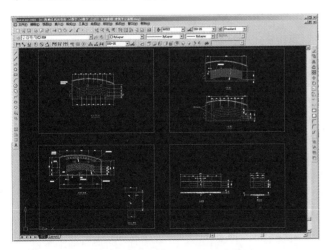

图 12-1　在 CAD 中打开施工图纸

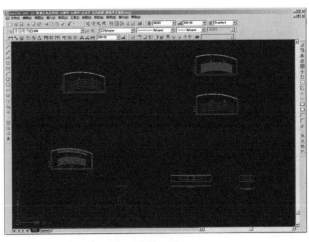

图 12-2　修整施工图纸

（3）按照之前的分析，本办公会议室的效果图只看到办公会议室的东立面、南立面和西立面，所以进一步简化图纸只需保留平面、天花和东、南、北三个立面即可，其他的立面和平面可以全部删除。调整好三个图的位置后把三个图全部分解，同时把各个平面、立面的所有图线分别转换到各个不同的图层，每个面的图线改成同一种颜色。

因为 3ds max 中导入 DWG 图时是按照图层和颜色为单位的，经这样转换的 dwg 文件导入到 3ds max 软件后各个平面、立面才会分别是一个相对独立的图块，方便在 3ds max 软件中参考建模。把各个平面、立面的所有图线分别转换到各个不同的图层、每个面的图线改成同一种颜色后的效果如图 12-3 所示，文件另存为"chuli.dwg"，关闭退出 CAD 软件。

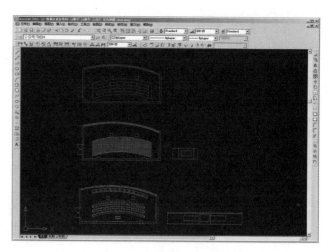

图 12-3　修整 CAD 施工图纸

12.2　在3ds max软件中导入dwg文件并进行位置调整

（1）打开 3ds max 软件，单击"文件"下拉菜单中的"导入"选项，在弹出的导入对话框中，选择文件类型为"原有 AutoCAD（*.DWG）"，按照路径找到刚才在 CAD 软件中处理好的文件"chuli.dwg"，如图 12-4 所示，单击打开。在弹出的 dwg 导入对话框中选择"合并对象与当前场景（M）"，如图 12-5 所示。确定后在弹出的导入 AutoCAD DWG 文件对话框中选择以层导入对象的方式，如图 12-6 所示。确定后可以看"chuli.dwg"文件的图线被导入到 3ds max 软件中的四个工作窗口。

图 12-4　选择要导入的 CAD 文件　　　　图 12-5　文件导入对话框　　　图 12-6　选择导入方式

（2）单击菜单栏上的"自定义"/"首选项"，在弹出的首选项对话框中激活视口面板，在鼠标控制选项中的"以鼠标为中心缩放（正交）""以鼠标为中心缩放（透视）"两个选项前面的选框中打钩，如图 12-7 所示。该设置主要是设定四个视口的视图缩放能始终以鼠标为缩放中心，方便我们对视图的控制。

（3）激活顶视图，按 Alt+W 组合键，使顶视图单视图最大化显示。单击工具栏上的"⬡³"按钮右下角的黑色三角形，在弹出的下拉面板中选择 2.5 维捕捉"⬡²·⁵"，同时在捕捉按钮上右击，在弹出的捕捉属性对话框中选择"顶点"，使得操作时只捕捉顶点。然后把南立面拉到平面图旁边,打开捕捉按钮，

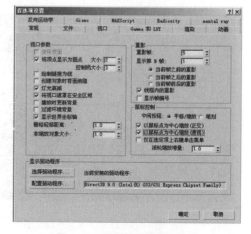

图 12-7　设置鼠标的缩放方式

捕捉南立面的左下角拉动南立面到平面图的左下角。接着在旋转工具上右击,在弹出的"旋转变换输入"对话框中的"偏移:屏幕"的X选项输入90,如图12-8所示。回车确认后关闭对话框,可以发现顶视图中的南立面已经立起来变成一条线。

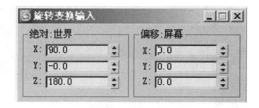

图12-8 旋转变换输入

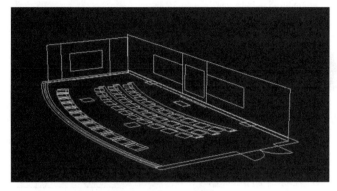

对于东立面,先绕着Z轴旋转90°后再捕捉南立面的左下角拉动南立面到平面图的右下角,然后让东立面绕着Y轴旋转-90°。按P键转换到透视图,可以看到东、南立面已经立起来和平面图保持垂直,调整一下视角后效果如图12-9所示。

图12-9 拼合立面图

12.3 创建模型

(1)按T键转换到前视图,打开2.5维捕捉,单击右边面板的"创建"/"图形"/"线",如图12-10所示,按照平面视图中墙体的造型勾画出东、南立面墙体的界面造型,完成后单击面板上的"修改"按钮,在打开的修改编辑器列表中点击"挤出",参数数量输入3000。同时把名称改为墙体,如图12-11所示。用同样的方法绘画出四个柱子以及南立面墙体上的造型。

图12-10 选择"线"按钮

图12-11 添加"挤出"修改

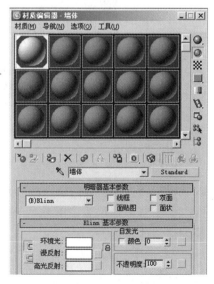

图12-12 创建墙体材质

(2)选中已经创建的墙体和柱子,按M键,在弹出的材质编辑器对话框中,激活第一个材质球,把名字改为"墙体",修改材质的漫反射颜色为白色,如图12-12所示。单击"🖼"按钮把材质赋给墙体和柱子,效果如图12-13所示。按F键,转换到前视图,同时按S键,打开捕捉按钮,同时点击"创建"面板的 /"图形"/"矩形",按南立面的黑板造型绘画一个矩形,同时关闭"开

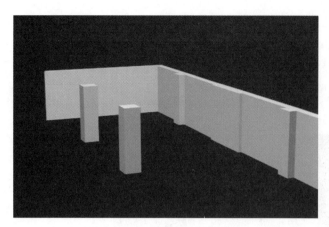

图 12-13　将材质赋给墙体和柱子

图 12-14　选择顶点子物体

始新图形"选项，继续绘画第二、第三个矩形。这样绘画出来的三个矩形属于同一个样条线，属于一个整体，点击修改面板的挤出，挤出数值为50，同时命名为黑板。

至此，三个黑板的造型创建完成。按 T 键转换到顶视图，由于中间的黑板的位置更为靠前一点，所以单击修改器列表里面的可编辑样条线前面的"+"，选中弹出的子物体中的"顶点"，如图 12-14所示。选择视图中中间黑板的所有顶点，往前移动到合适位置，单击上面的挤出结果，如图 12-15 所示。回到视图后按 M 键，在弹出的材质编辑器中激活第二个材质球，命名为黑板，调整颜色为蓝色，点击"🎨"把材质赋给黑板。

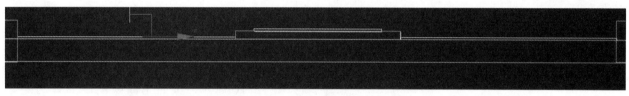

图 12-15　选择黑板

按 L 键转换到左视图，继续创建东立面的黑板同时赋予之前设定好的黑板材质，至此，东、南立面的建模完成，最终结果如图 12-16 所示。

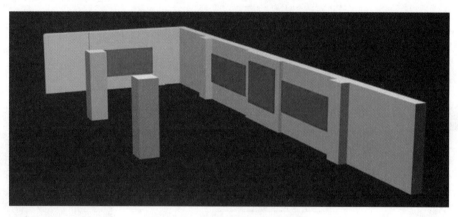

图 12-16　墙面和柱体的创建效果

（3）创建北立面：

1）北立面属于弧形的墙面，同时中部是一系列的铝合金窗，较为复杂。选中平面布置图，单击修改器栈里面可编辑样条线前的"+"，单击"样条线"子物体选项，选择视图中弧形墙体其中一条样条线，同时单击修改器面板中的几何体里面的"分离"按钮，把选中的样条线分离出来，以此样条线作为基线创建墙体和窗。

2）选中分离出来的样条线，复制出另一条，单击修改器栈里可编辑样条线前的"+"，单击"样条线"子物体选项，选择视图中的弧线，此时弧线边红色，表示弧线被选中。在修改器面板中打开"几何体"面板，在轮廓选项中输入 300mm，此时样条线变成一条宽度是 300mm 的弧形封闭墙体截面线，单击修改面板上的"挤出"给样条线添加一个"挤出"修改器，挤出数值为1500。按M键在弹出的材质编辑器对话框中选中墙体的材质，单击""按钮把材质赋给墙体，完成北立面墙体的创建，效果如图12-17所示。

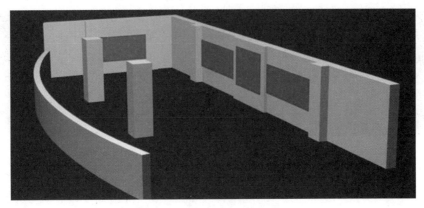

图12-17　完成弧形墙体的创建

3）把分离出来的弧线继续复制一条，一条用来创建窗框，一条用来制作玻璃。用创建墙体同样的方法创建出一个轮廓厚度为50mm，挤出高度同样为1500mm的薄墙体，命名为窗框，按M键在弹出的材质编辑器对话框中激活第三个材质球，命名为铝合金，漫反射颜色改为深蓝色，点击""把材质赋给窗框。按T键回到顶视图，在刚创建的窗框上依据平面图的窗格分隔绘画闭合的多段线，然后单击修改器栈里可编辑样条线前的"+"，单击"样条线"子物体选项，选中刚绘画的样条线，按窗户的个数复制出一系列样条线，然后单击修改器栈里可编辑样条线前的"+"，单击"顶点"子物体选项，对样条线的两端做适当的调整，使样条线的投影和窗体相符，如图12-18所示。

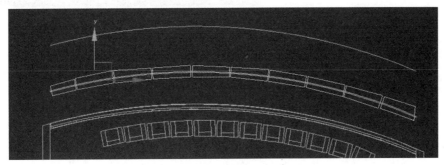

图12-18　调整样条线

关闭子物体选项，给样条线组添加一个挤出修改器，挤出值为1400mm。选中样条线和窗框，在物体上右击，在弹出的菜单中选择"隐藏为选定对象"，从而视图中只留下挤出的样条线和窗框，按F键转换到前视图，选中挤出的样条线组，单击快捷工具栏上的对齐按钮""，然后选择窗框，在弹出的"对齐"对话框中选择Y轴中心对齐，按P键转换到透视图，渲染后效果如图12-19所示。

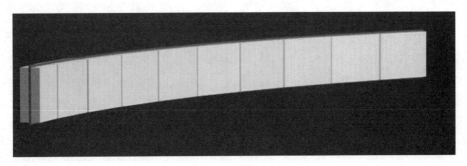

图12-19　透视图渲染效果

选中窗框，单击创建面板里几何体按钮下面的标准基本体右边的黑三角箭头，在弹出的下拉列表中选符合对象，在符合对象的面板中单击"布尔"按钮，在弹出的布尔运算下拉卷展栏中点击"失去操作对象B"，选中视图中的挤出多段线组，这样就打开了所有的窗口，如图12-20所示。

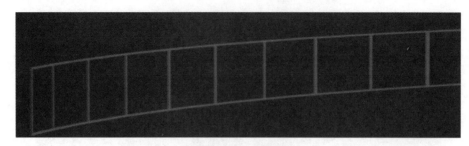

图12-20　打开窗口

在视图中右击，在弹出的菜单中选择"全部取消隐藏"。按T键回到顶视图，选择用来创建玻璃的样条线，用创建墙体同样的方法创建出一个轮廓厚度为10mm，挤出高度同样为1500mm的薄墙体，命名为玻璃；按M键，在弹出的材质编辑器对话框中激活第四个材质球，命名为玻璃，漫反射颜色改为浅蓝色，点击"

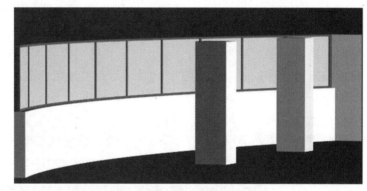

"把材质赋给玻璃。用移动工具把玻璃移到窗框中间，同时选中窗框和玻璃，单击菜单栏上的"组"／"成组"，改组的名字为窗，确定后调整位置，按P键回到透视图，调整视角渲染后效果如图12-21所示，至此三个立面全部创建完毕。

图12-21　场景渲染

（4）创建天花：

1）按T键回到顶视图，选中天花图，单击鼠标右键，在弹出的菜单中选择"隐藏未选定对象"，然后单击修改器栈里可编辑样条线前的"+"，单击"样条线"子物体选项，选中天花造型的弧型口样条线，如图12-22所示。

点击修改器面板中的几何体里面的"分离"按钮，把选中的样条线分离出来，命名为"外形"，同样的方法分离出弧口内的八块弧形木板造型，命名为"内形"。

2）退出子物体编辑，选择刚分离出来的样条线"外形"，单击修改器栈里可编辑样条线前的"+"，单击"顶点"子物体选项，选中"外形"的所有顶点，单击修改器面板中的几何体里面的"焊接"按钮，把样条线的顶点焊接起来形成一条封闭的样条线。继续单击修改器栈里可编辑样条线前的"+"，单击"样条线"子物体选项，选中"外形"样条线，复制出多一条样条线。对刚复制出来的样条线的顶点进行删除，只留下4个角点，调整好以后形成了一层天花造型的外轮廓，如图12-23所示。

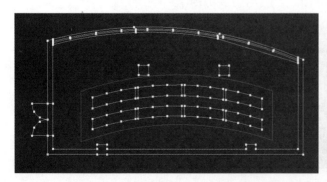

图12-22　选中天花造型的弧型口样条线

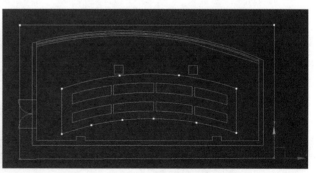

图12-23　天花造型的外轮廓

退出子物体编辑，给刚编辑好的样条线添加一个"挤出"修改器，输入数值200，按M键在弹出的材质编辑器中选中墙体材质赋给天花，按P键回到透视图，调整视角渲染后效果如图12-24所示，完成了天花造型一层外形的创建。

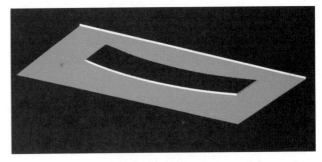

图12-24　完成了天花造型一层外形的创建

3）按T键回到顶视图，选择刚分离出来的样条线"内形"，用同样的方法对"内形"所有的顶点进行焊接。如图12-25所示。

完成后给"内形"样条线添加一个"挤出"修改器，输入数值100，按M键在弹出的材质编辑器中选中墙体材质赋给"内形"，按P键回到透视图，调整视角渲染后效果如图12-26所示，完成了天花造型一层内形的创建。

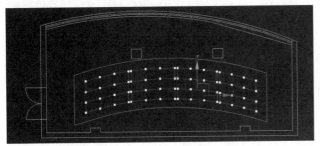

图12-25　焊接顶点

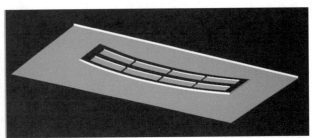

图12-26　完成了天花造型一层外形的创建

4）制作二层天花：按T键回到顶视图，在天花造型弧口位创建一个长方体，长宽高参数以及长宽高分段参数如图12-27所示。分段的依据是天花造型分隔木条的间距300mm，因此分段数×300要接近长度或宽度值。调整好长方体的位置后添加一个晶格修改器，修改晶格修改器的参数如图12-28所示。这样长方体变成一个间距约为300mm×300mm的栅格。

按M键在弹出的材质编辑器中选中一个没使用的材质球命名为木材，修改漫反射颜色为橙红色后把材质赋给栅格，同时在顶视图上继续创建一个厚度为200mm的几何体作为天花造型的最顶层，赋予墙体的材质，调整好位置后按P键回到透视图，调整视角渲染后效果如图12-29所示。

用分离"外形"样条线的方法分离天花造型的筒灯，命名为筒灯，同时对筒灯进行挤出，数值为200。按M键在弹出的材质编辑器中选中一个没使用的材质球命名为"灯"，修改漫反射颜色为白色后把材质赋给挤出的筒灯，调整位置后渲染透视图，效果如图12-30所示，选中所有的天花造型，单击菜单栏中的"组"/"成组"，改组的名字为天花，至此天花造型全部建造完毕。

图12-27　调整长方体

图12-28　晶格修改器设置

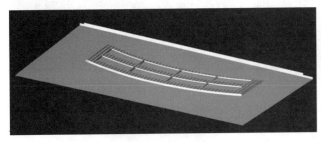

图12-29　指定木材质

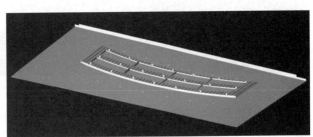

图12-30　为筒灯制作材质

（5）创建桌子和导入凳子、沙发以及讲台：

1）按 T 键回到顶视图，右击选择"全部取消隐藏"，然后选择会议室的平面图，右击选择"隐藏未选定对象"隐藏其他图形只留下平面图，方便桌子的创建和其他家具的导入。

2）分离出平面图中桌子造型线，命名为"桌子轮廓"，退出子物体编辑，选中"桌子轮廓"。激活子物体中的顶点，修改一下桌子轮廓的造型，同时对造型的顶点进行焊接，退出子物体，对"桌子轮廓"添加挤出修改器，数值为 30。按 L 键回到左视图，依据桌子边脚的造型绘画边脚造型的界面，挤出数值为 30，命名为"边脚"，同时复制一个边脚到另一边，调整位置后成组，命名为"桌子"，按 M 键在弹出的材质编辑器中选中"木材"材质赋予桌子，如图 12-31 所示。

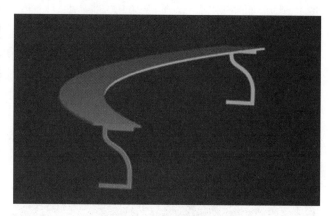

图 12-31　为桌子指定木材质

3）按 T 键转换到顶视图，单击创建面板上的"图形" / "弧"，在视图中绘画出一条和创建的桌子边线形状相同的弧线，命名为路径。然后单击"文件" / "合并"按钮，在弹出的对话框中选择模型库里提供的"椅子"模型，把"椅子"导入到场景中。依据比例用快捷工具栏上的" "缩放工具对导入的椅子进行缩放，调整好大小，用移动和旋转工具把椅子移到创建的路径边上，并调整大概位置使得椅子对着弧线的中心，如图 12-32 所示。

选中椅子，按 Alt+Q 组合键进入鼓励模式，单击菜单栏上的"组" / "打开"按钮把组打开，然后选择构成椅子的脚以及加固件，如图 12-33 所示。

按 M 键弹出材质编辑器，选中一个未被使用的材质球命名为"不锈钢"，调整漫反射颜色为白色后把材质赋给椅子的脚和加固件。接着单击修改器面板中的"UVW 贴图"，给坐垫和靠背添加一个贴图坐标，贴图类型为"柱形"，对齐方式为"适配"。再选择椅子的坐垫和靠背，按 M 键弹出材质编辑器，选中一个未被使用的材质球命名为"塑料"，修改漫反射颜色为蓝色后把材质赋给椅子的坐垫和靠背，接着给坐垫和靠背添加一个贴图坐标，贴图类型为"长方体"，对齐方式为"适配"。然后选中椅子，单击菜单中的"组" / "关闭"按钮，从而完成椅子的贴图编辑。

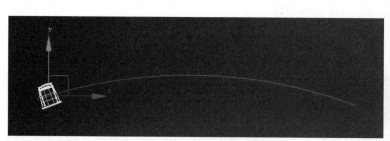

图 12-32　调整椅子位置

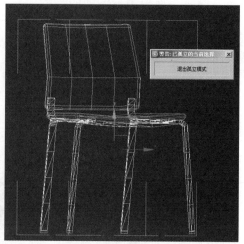

图 12-33　选择构成椅子的脚以及加固件

4）选中椅子，单击菜单栏上的"工具" / "间隔工具"按钮，在弹出的"间隔工具"对话框中单击"路径"按钮，然后选中视图中创建好的路径，在继续弹出的"间隔工具"对话框中设置参数数目为 15，向后关系为中心，对象类型为实例，如图 12-34 所示。单击"应用"按钮后关闭对话框，视图中的椅子会自动沿着弧形的路径复制出 15 张椅子。用旋转工具对每一张椅子进行简单的角度调整后效果如图 12-35 所示。选中所有的椅子和桌子成组，命名为"桌椅"，按照平面布置图中的桌椅的排列，复制出三排"桌椅"，按 P 键转换到透视图后渲染效果如图 12-36 所示。

5）用同样的方法单击"文件"/"合并"按钮，合并模型库中的沙发进场景中，创建一个淡蓝色的材质赋予沙发，材质名称为"沙发"，调整好大小和位置后以同样的方式给沙发添加一个"UVW 贴图"贴图坐标，贴图类型为"长方体"，对齐方式为"适配"。然后用间隔工具对沙发进行间隔复制，按照平面图的布置方式调整沙发的位置。

6）用同样的方法合并讲台模型到场景中。最终效果如图 12-37 所示。

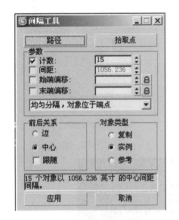

图 12-34　间隔工具对话框

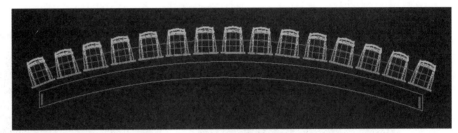

图 12-35　调整椅子位置

图 12-36　复制桌椅

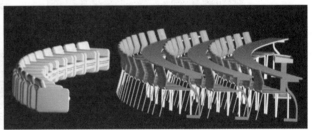

图 12-37　合并其他模型

（6）创建地面并加入相机调整出合适的相机角度：

1）按 T 键转换到顶视图，在视图中单击鼠标右键，在弹出的快捷菜单中选择"全部取消隐藏"，把场景中所有物体显示出来。依据会议室的大小绘画一个大小适当的矩形并挤出，数值为 -150，修改名称为地面。按 M 键弹出材质编辑器，选中一个未被使用的材质球命名为"地面"，修改漫反射颜色为蓝色后把材质赋给地面。

2）单击"创建"面板中的"相机"/"目标相机"按钮，在顶视图的左边往右边拉出一个目标相机，调整好方向后按 F 键转换到前视图，选中相机，在修改器中选择相机的备用镜头焦距为 24mm，单击相机中间的线，这时可以同时选中相机和目标，用移动工具把相机抬升 1.5m，按 Alt+W 组合键，视图由单视图变成 4 个视图显示，激活透视图后按 C 键，透视图转变成相机视图，配合相机视图在各个视图中用旋转、移动等工具对相机进行微调，调整到合适的视角位置。激活摄影机视图，按 Shift+Q 组合键渲染后如图 12-38 所示，建模部分完成。

图 12-38　完成建模效果

12.4 灯光

（1）创建灯光：选中窗户，侧墙以及地面，按 Alt+Q 组合键把窗户侧墙以及地面孤立出来。按 F 键转换到前视图，单击创建面板上的灯光，再单击下面灯光列表右边的黑色三角形，在弹出的下拉列表中选择 V-Ray，转换到 V-Ray 灯光列表。如图 12-39 所示。

点击 VR 灯光，在视图中拉出一个 VR 灯光，如图 12-40 所示，按 T 键回到顶视图，调整好灯光使灯光和弧形的墙体吻合，如图 12-41 所示。然后单击修改面板中的灯光参数面板中的"排除"，选中天花、玻璃，排除天花以及玻璃，避免 VR 灯光照到天花和玻璃上面造成过度曝光现象。

接着用实例的方式复制出一系列灯光调整好位置，如图 12-42 所示。

图 12-39　VR 灯光

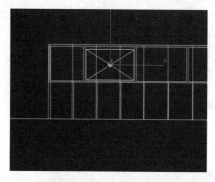

图 12-40　创键 VR 灯光

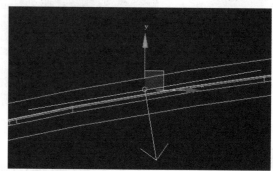

图 12-41　调整灯光位置

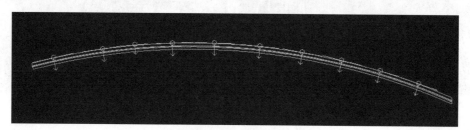

图 12-42　复制灯光

（2）按 F 键转换到前视图，创建一个和正立面一样大的 VR 灯光作为环境灯，按 T 键回到顶视图，单击创建面板上的灯光，再单击下面灯光列表右边的黑色三角形，在弹出的下拉列表中选择"标准"转换到标准灯光，单击"泛光灯"按钮，回到顶视图中，在建筑的左边、顶部和正前方各添加一个泛光灯作为辅助环境灯光，如图 12-43 所示。同时把三盏泛光灯的强度设为 0.25，辅助照亮整个场景。渲染后效果如图 12-44 所示。

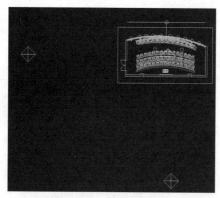

图 12-43　添加辅助光源

图 12-44　灯光渲染效果

（3）按 L 键转换到左视图，单击创建面板上的灯光，再单击下面灯光列表右边的黑色三角形，在弹出的下拉列表中选择"光度学"转换到光度学灯光，单击"目标点光源"按钮，在左视图中对着右边墙壁斜拉出一个目标点光源作为射灯照射到墙壁上，选中目标点光源，在修改面板上的常规参数中勾选启用阴影，并选用 V-Ray阴影的方式，强度颜色分布选用"Web"分布的方式，颜色温度改为 5000 开尔文。同时点击 Web 参数面板下面的"Web 文件"按钮，在弹出的对话框中选择一个多光的光域网文件，设置完后按 T 键回到顶视图，按照一定的距离用实例的方式在南立面以及东立面复制出一系列射灯，至此场景中的射灯设置完毕，效果如图 12-45 所示。

图 12-45　场景射灯渲染效果

（4）按 F 键回到前视图，同时把灯光创建转换到标准灯光的面板，单击下面的"目标聚光灯"按钮，在前视图中创建一个目标聚光灯，调整聚光灯强度为 0.15，调整好位置和大小后回到顶视图，按照一定的间距随机复制出一系列目标聚光灯，让地面产生一定的明暗变化以模拟真实的室内场景。灯光布置好后效果如图 12-46 所示。回到相机视图渲染后效果如图 12-47 所示。

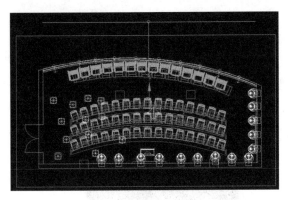

图 12-46　灯光布局

图 12-47　渲染效果

12.5　材质

（1）按 M 键弹出材质编辑器面板，激活名字为"墙体"的材质球，把材质类型由标准改为"高级照明覆盖"，参数如图 12-48 所示。同时把基础材质漫反射颜色改为白色，明暗器改为各向异性，反射高光参数按照图 12-49 所示修改，墙体乳胶漆材质设定完毕。

用同样的方法设定黑板材质，漫反射颜色设为深蓝色，反射高光改为 70，光泽度设为 50。

图 12-48　更改材质类型

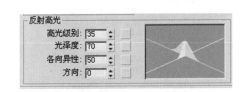

图 12-49　设置材质属性

（2）激活名字为"窗框"的材质球，把材质类型由标准改为"V-RayMtl"（V-Ray 材质），单击漫射颜色，在弹出的颜色选择器面板中调整红蓝绿三原色为 45、80、90，如图 12-50 所示。单击反射颜色，在弹出的颜色选择器面板中调整红蓝绿三原色为 13、13、13，如图 12-51 所示。

设置反射颜色值可以调整材质的反射效果。

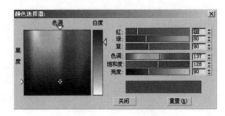 

图 12-50　设置漫射颜色　　　　　　　　图 12-51　设置反射区颜色

（3）激活名字为"玻璃"的材质球，修改明暗器为各向异性，调整环境光和漫反射颜色、不透明度以及反射高光参数如图 12-52 所示，完成玻璃材质的设定。

（4）激活名字为"筒灯"的材质球，把材质的自发光颜色改为白色，完成"筒灯"材质的设定。

（5）激活名字为"沙发"的材质球，把材质类型由标准改为"V-RayMtl"，打开贴图卷展栏，单击漫射右边的贴图按钮"None"按钮，在弹出的对话框中选择位图的贴图方式，然后选择一幅方毯图片。回到贴图卷展栏，把漫射的贴图拖动到凹凸贴图，选择复制的方式，同时修改凹凸贴图的值为 100，如图 12-53 所示，完成沙发材质的设定。

图 12-52　设置玻璃材质

（6）激活名字为"不锈钢"的材质球，把材质类型由标准改为"V-RayMtl"，按照图 12-54 所示修改漫射颜色和反射颜色，完成不锈钢材质的设定。

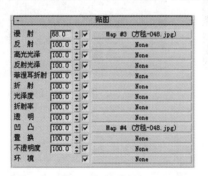 

图 12-53　贴图卷展栏　　　　　　　　　图 12-54　设置不锈钢材质

（7）激活名字为"塑料"的材质球，把材质类型由标准改为"高级照明覆盖"，参数如图 12-55 所示。同时把基础材质漫反射颜色改为蓝色，明暗器改为各向异性，反射高光参数修改如图 12-56 所示，椅子的塑料面板材质设定完毕。

 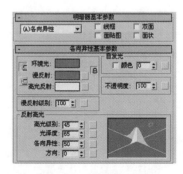

图 12-55　高级照明参数　　　　　　　　图 12-56　设置塑料材质

（8）激活名字为"木桌"的材质球，把材质类型由标准改为"V-RayMt1"，单击漫射后面的贴图按钮，在弹出的对话框中选择位图的贴图方式，选择一幅木材的图片，完成后单击反射颜色，在弹出的颜色选择器面板中调整红蓝绿三原色为16、16、16，如图12-57所示，完成木材质的设定。

图 12-57　设置反射颜色

（9）激活名字为"地面"的材质球，把材质类型由标准改为"V-RayMt1"，单击漫射后面的贴图按钮，在弹出的对话框中选择位图的贴图方式，选择一幅瓷砖图片，该图片事先在 Photoshop CS4 中进行了加黑边的处理，主要模拟瓷砖铺设时的纹路，完成后单击反射颜色，在弹出的颜色选择器面板中调整红蓝绿三原色为10、10、10，完成地面材质的设定。退出材质编辑器，给地面添加一个"VW 贴图"修改器。贴图类型为"长方体"，长宽高数值均改为1000mm。渲染后可发现地面的瓷砖以 1000mm×1000mm 的大小铺设在地面上。

（10）激活材质编辑器中的柱子材质，把材质类型由标准改为"V-RayMt1"，单击漫射后面的贴图按钮，在弹出的对话框中选择位图的贴图方式，选择一幅黑色瓷砖图片，完成后单击反射颜色，在弹出的颜色选择器面板中调整红蓝绿三原色为10、10、10，完成柱子材质的设定。退出材质编辑器，给地面添加一个"VW 贴图"修改器。贴图类型为"长方体"，对齐方式为"适配"，至此完成所有材质的设定。

12.6　渲染出图

（1）单击菜单栏中"渲染"菜单，选择"环境"选项，在弹出的"环境和效果"对话框中，单击背景里面的环境贴图按钮，选择一张天空图片的位图，给场景添加一张天空背景，作为会议室玻璃窗外的天空环境，如图12-58所示。

（2）按 F10 键弹出渲染对话框，单击面板上的"公用"，转换到公用参数面板，如图12-59所示。单击"指定渲染器"按钮，在弹出的卷展栏中单击产品级后面的按钮，在弹出的渲染器列表中选择"V-Ray Adv 1.5 RC3"渲染器，如图12-60所示。

图 12-58　添加环境贴图

这时把 V-Ray 渲染器设定为默认的渲染器。用 V-Ray 渲染器渲染的场景层次更为清晰，明暗关系更为突出。

图 12-59　场景渲染面板

图 12-60　选择 V-Ray 渲染器

（3）单击"渲染"对话框中的"渲染器"按钮，转换到"渲染器"参数面板，打开"图像采样"卷展栏，把图像采样器类型改为"自适应细分"，抗锯齿过滤器选择打开，类型选用区域，如图12-61所示。

打开"颜色映射"卷展栏,把颜色映射的类型改为指数,该选项可以减弱场景中灯光的过度曝光现象,把变亮倍增器值改为 1.6,此选项可以整体改变场景中的亮度,如图 12-62 所示。

图 12-61 "图像采样"卷展栏

图 12-62 "颜色映射"卷展栏

（4）单击面板上的"公用"按钮,转换到公用参数面板,打开"公用参数"卷展栏,把输出大小的宽度改为 1024mm,高度设为 768mm,设定输出图片的大小,如图 12-63 所示。

继续单击渲染输出面板,选择保存文件,单击"文件"按钮为输出图片指定一个保存路径,如图 12-64 所示。

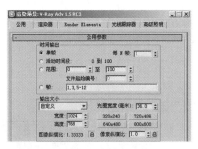
图 12-63 设定输出图片的大小

图 12-64 指定存储路径

至此渲染前的参数设置完毕。在进行最终图片渲染之前,给场景添加一个目标平行光,模拟室外的太阳光。单击创建面板上的灯光,选择标准灯光中目标平行光,回到视图中的左视图,按照 45° 角拉出一个目标平行光,如图 12-65 所示。

按 T 键回到顶视图,用缩放工具让目标平行光沿着 X 轴放大,直到目标平行光整个覆盖住后侧面,如图 12-66 所示。

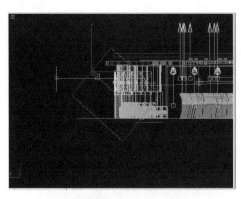
图 12-65 添加一个目标平行光

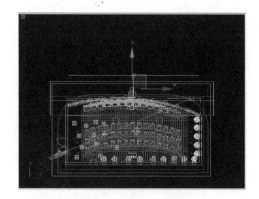
图 12-66 调整目标平行光

（5）选中目标平行光,单击"修改"按钮,在修改面板中的常规参数卷展栏中勾选阴影,同时选用"V-Ray 阴影"的方式,单击"排除"按钮,在弹出的对话框中选择玻璃,把玻璃排除掉,如图 12-67 所示,让光线透过玻璃照进室内,模拟太阳光投射的效果。

完成以上设置后激活相机视图,按 Shift+Q 组合键对场景进行渲染,渲染后文件会自动保存到指定的文件夹中,打开渲染完的图片,效果如图 12-68 所示。

图 12-67　启用阴影　　　　　　　　　　图 12-68　渲染效果

12.7　后期处理

（1）打开 Photoshop CS4 软件，在软件中打开渲染完的最终效果图片，使用裁切工具把图片裁切，去掉天花前端部分，使得图片更为饱满。然后按 Ctrl+M 组合键，弹出"曲线调整"对话框，如图 12-69 所示，在曲线中间向上拉动曲线，使得整个场景变亮。

（2）观察图片发现在讲台后面与墙体相连接的地面部分过于明亮，按 L 键调用多边形套索工具，在墙根处拉出一个选择范围，如图 12-70 所示虚线选框部分。

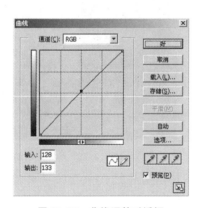

图 12-69　曲线调整对话框　　　　　　　图 12-70　区域选择

（3）按 Ctrl+Alt+D 组合键弹出"羽化选区"对话框，输入羽化半径 20，单击"好"按钮，然后按 Ctrl+M 组合键，在弹出的"曲线调整"对话框中向下拉动曲线，使得选区部分有过度更自然，从而使墙根处地面和墙壁的差别不会那么明显。

（4）给射灯添加光晕：单击菜单上的"滤镜"／"渲染"／"镜头光晕"，在弹出的"镜头光晕"对话框中把亮度设为 15%，同时在预览图片中把十字光标移动到其中一个射灯下面，镜头类型选择 105mm 聚焦，如图 12-71 所示。

单击"好"按钮，可以发现场景中的一盏射灯下面多了一个镜头光晕效果，用同样的方法设置其他射灯的光晕，营造真实的射灯效果。

（5）添加植物：打开一幅植物盆景图片，把植物拉到会议室中的左上角，按 Ctrl+T 组合键，植物周边出现一个实线框，按住实线框边角上的小矩形拉动可以对盆景进行自由缩放变化，调整到适合大小以后按回车键确认，如图 12-72 所示。单击图层控制面板上的不透明度选项，把不透明度设为

图 12-71　添加镜头光晕

20%，如图 12-73 所示。场景中的盆景的透明度发生变化，被遮挡的背景显示出来，如图 12-74 所示。单击套索工具把盆景阻挡到桌椅的部分勾选出来，如图 12-75 所示。按 Delete 键删除盆景阻挡桌椅部分，然后把盆景的透明度调回 100%，如图 12-76 所示。

图 12-72　添加植物

图 12-73　设置图层不透明度

图 12-74　植物透明效果

图 12-75　选择区域

图 12-76　删除遮挡部分

（6）打开另外一幅植物配景，把植物配景拉到场景中放置左边，按 Ctrl+T 组合键转换到自由变换，拉动边角调整植物的大小。至此完成会议室后期处理的最终图片，如图 12-77 所示。

图 12-77　会议室设计方案最终效果